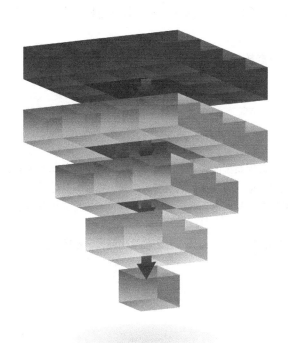

Storm
技术内幕与大数据实践

陈敏敏 王新春 黄奉线 ／著

人民邮电出版社

北京

图书在版编目（CIP）数据

Storm技术内幕与大数据实践 / 陈敏敏，王新春，黄奉线著. -- 北京：人民邮电出版社，2015.5（2024.7重印）
ISBN 978-7-115-38853-7

Ⅰ. ①S… Ⅱ. ①陈… ②王… ③黄… Ⅲ. ①数据处理软件 Ⅳ. ①TP274

中国版本图书馆CIP数据核字(2015)第074127号

内 容 提 要

本书内容主要围绕实时大数据系统的各个方面展开，从实时平台总体介绍到集群源码、运维监控、实时系统扩展、以用户画像为主的数据平台，最后到推荐、广告、搜索等具体的大数据应用。书中提到的不少问题是实际生产环境中因为数据量增长而遇到的一些真实问题，对即将或正在运用实时系统处理大数据问题的团队会有所帮助。

本书适合对大数据领域感兴趣的技术人员或者在校学生阅读，更适合大数据方向的架构师、运维工程师、算法/应用的开发者参考。

◆ 著　　陈敏敏　王新春　黄奉线
责任编辑　杨海玲
责任印制　张佳莹　焦志炜

◆ 人民邮电出版社出版发行　北京市丰台区成寿寺路11号
邮编　100164　电子邮件　315@ptpress.com.cn
网址　https://www.ptpress.com.cn
北京七彩京通数码快印有限公司印刷

◆ 开本：800×1000　1/16
印张：12.75　　　　　　　2015年5月第1版
字数：263千字　　　　　　2024年7月北京第11次印刷

定价：49.00元

读者服务热线：(010)81055410　印装质量热线：(010)81055316
反盗版热线：(010)81055315

序

2011 年 5 月，管理咨询公司麦肯锡的全球研究所发表的分析报告《大数据：下一个创新、竞争和生产率的前沿》提出了"大数据"的概念，并在业界掀起了广泛的热潮。而随着谷歌关于 MapReduce 和 GFS 设计的论文公布，以及开源世界对 Hadoop 的实现，对大量非结构化数据分布式处理的支持使得大数据已经成熟起来。

而在此之前，已经出现很多大数据使用的案例。

1998 年，《哈佛商业评论》上面报道了一则啤酒与尿布的故事。沃尔玛超市分析人员对消费者的购物行为进行分析，发现年轻的父亲在购买尿布的同时会捎带点啤酒来犒劳自己，于是超市将这两个风牛马不相干的商品摆放在一起，结果两个商品的销量都大幅增加。

2009 年，《自然》杂志上刊登了一则关于 Google 预测流感传播的文章。通过分析搜索引擎数据，得到之前所发生的流感的流行病学特征，发现分析出来的 2004~2008 年的流感数据和美国国家疾病控制中心实际收集的历年数据非常吻合，而更重要的是，分析这些历史数据的规律甚至还能够预测出未来流感传播的走势。

2012 年，《时代》杂志刊登了一篇 "Inside the Secret World of the Data Crunchers Who Helped Obama Win" 的文章，奥巴马竞选美国总统其背后的数据分析团队逐渐为人所知。数据分析团队通过对不同地区、年龄段的选民进行多维度分析，在获取有效选民、投放广告、募集资金等方面提供了有效的参考，并在竞选结果上进行了精准的预测。

在大数据的批处理领域，Hadoop 是不可撼动的王者，然而在实时性上的延迟，Hadoop 却是其天生的不足，为完善大数据实时性处理的需求，业界进行了不少的尝试，如 Facebook 在 2011 年发表的论文 "Apache Hadoop Goes Realtime at Facebook" 中介绍了其基于 Hadoop 上进行实时性系统的相关改进，同时开发了 Puma 对网站用户进行实时分析以便对自己的产品或服务进行营销，为解决广告计费（cost-per-click）Yahoo 启动了 S4 用于实时计算、预测用户对广告的可能的点击行为，LinkedIn 则基于 Kafka 开发了 Samza 用于实时新闻推送、广告和复杂的监控等，而 Storm 是由 Twitter 开源的实时计算框架，适用于实时分析、在线机器学习、连续计算、分布式 RPC 和 ETL 等场景。

大数据技术的发展日新月异，不断涌现的技术代表着需求的旺盛。本书用深入浅出的方法系统介绍了 Storm 技术以及大数据的一些应用。在我们的环境中，Storm 在网站信息、商家信息、用户画像与实时推荐等领域均取得了不错的效果。技术上的默默钻研使得 1 号店在实时计算方面具有自己的特色，并有力地支持了业务的发展。从 2014 年 5 月我们的第一个 Storm

应用——爬虫系统上线，到随后的短短四到五个月内，涌现出了 30 多个实时计算应用，大大提升了 1 号店的整个数据实时处理能力。

本书作者为 Storm 应用中的一线工程师，基于他们对大数据应用的理解以及在线上环境中遇到的一些问题分享了对应的优化措施，并就用户画像、实时推荐系统、广告和搜索等常见的大数据应用进行了介绍，将他们宝贵的大数据实践经验奉献给读者。他们走过的弯路希望读者不再走，他们的经验希望读者好好把握。

1 号店会在实时计算领域继续投资，相信很多公司会认识到实时计算带来的价值。希望这本书给大家带来价值。

韩军，1 号店 CTO
2015 年 3 月

前　言

本书意在介绍实时大数据的各个方面，分享我们在设计实时应用过程中遇到的一些问题，让一些从零开始构建实时计算平台的公司少走弯路。我们力图使不同背景的读者都能从其中获益。

如果你从事基础架构方面的工作，可以着重阅读以下几章：在第 1 章中，我们整理了国内主要互联网公司在 Storm 应用方面的一些情况；在第 2 章中，我们介绍了实时平台的总体架构，随后引入了大众点评和 1 号店目前实时平台的一些基本情况；在第 4 章中，我们给出了源码剖析，为了让不懂 Clojure 语言的读者也能容易地理解 Storm 的内部原理，我们配了很多顺序图来描述调用逻辑；在第 5 章中，我们分享了一些在实践中总结出来的监控 Storm 应用的常用方法；在第 6 章中，我们介绍了在 Storm 上如何做一些扩展，方便更好地维护和管理集群；在第 10 章中，我们主要分享了 Storm 的一些小技巧和性能优化的经验。

如果你是大数据产品的开发和架构人员，可以着重阅读后面的几章，其中分享了我们一年来遇到的一些瓶颈。

如果你是算法工程师，可以着重了解第 8 章和第 9 章，里面的用户生命周期模型、实时推荐系统的算法和架构、千人千面架构等不少内容来自于我们的生产实践。设计严谨的模型在实时系统上往往会遇到比较大的性能问题，数据量、实时和算法的精准性是相互制约的，提高某一方面，往往不得不牺牲另外两个指标。在实际推荐系统的生产环境中，关联规则和协同过滤的推荐效果往往比较好，被广泛采用，而利用用户画像，结合地域、天气等上下文信息，可以进行一些更加精准的推荐。目前基于用户画像和上下文内容做个性化推荐和搜索、精准化运营和广告营销等提高交易额等转换率，也是很多公司尝试的方向。

对于网上有的或者其他书中介绍过的内容，为适应不同读者的需求，我们会简单提及以做一点点过渡。

尽管我们投入了大量的精力来写这本书，但因为水平所限，书中的内容存在不足和疏漏也在所难免，恳请读者批评指正。如果读者对本书有什么建议，欢迎发送邮件至邮箱 xiaochen_0260@qq.com，期待得到真挚的反馈。

目 录

第1章 绪论 ··· 1
1.1 Storm 的基本组件 ··· 2
1.1.1 集群组成 ··· 2
1.1.2 核心概念 ··· 3
1.1.3 Storm 的可靠性 ··· 5
1.1.4 Storm 的特性 ··· 6
1.2 其他流式处理框架 ··· 6
1.2.1 Apache S4 ··· 6
1.2.2 Spark Streaming ··· 6
1.2.3 流计算和 Storm 的应用 ··· 7

第2章 实时平台介绍 ··· 11
2.1 实时平台架构介绍 ··· 11
2.2 Kafka 架构 ··· 13
2.2.1 Kafka 的基本术语和概念 ··· 13
2.2.2 Kafka 在实时平台中的应用 ··· 14
2.2.3 消息的持久化和顺序读写 ··· 15
2.2.4 sendfile 系统调用和零复制 ··· 15
2.2.5 Kafka 的客户端 ··· 17
2.2.6 Kafka 的扩展 ··· 17
2.3 大众点评实时平台 ··· 17
2.3.1 相关数据 ··· 18
2.3.2 实时平台简介 ··· 18
2.3.3 Blackhole ··· 19
2.4 1号店实时平台 ··· 20

第3章 Storm 集群部署和配置 ··· 23
3.1 Storm 的依赖组件 ··· 23
3.2 Storm 的部署环境 ··· 24

- 3.3 部署 Storm 服务 ·· 24
  - 3.3.1 部署 ZooKeeper ·· 24
  - 3.3.2 部署 Storm ·· 25
  - 3.3.3 配置 Storm ·· 25
- 3.4 启动 Storm ·· 28
- 3.5 Storm 的守护进程 ··· 28
- 3.6 部署 Storm 的其他节点 ·· 30
- 3.7 提交 Topology ·· 30

第 4 章 Storm 内部剖析 ·· 33
- 4.1 Storm 客户端 ·· 33
- 4.2 Nimbus ·· 36
  - 4.2.1 启动 Nimbus 服务 ·· 36
  - 4.2.2 Nimbus 服务的执行过程 ·· 38
  - 4.2.3 分配 Executor ·· 44
  - 4.2.4 调度器 ··· 46
  - 4.2.5 默认调度器 `DefaultScheduler` ··· 47
  - 4.2.6 均衡调度器 `EvenScheduler` ·· 50
- 4.3 Supervisor ·· 53
  - 4.3.1 ISupervisor 接口 ··· 54
  - 4.3.2 Supervisor 的共享数据 ··· 54
  - 4.3.3 Supervisor 的执行过程 ··· 56
- 4.4 Worker ··· 61
  - 4.4.1 Worker 中的数据流 ··· 61
  - 4.4.2 创建 Worker 的过程 ·· 62
- 4.5 Executor ··· 65
  - 4.5.1 Executor 的创建 ·· 66
  - 4.5.2 创建 Spout 的 Executor ·· 69
  - 4.5.3 创建 Bolt 的 Executor ·· 74
- 4.6 Task ··· 76
  - 4.6.1 Task 的上下文对象 ··· 77
  - 4.6.2 Task 的创建 ·· 82
- 4.7 Storm 中的统计 ··· 84
  - 4.7.1 stats 框架 ··· 85
  - 4.7.2 metric 框架 ··· 90
- 4.8 Ack 框架 ·· 91

4.8.1　Ack 的原理 …… 92
4.8.2　Acker Bolt …… 94
4.9　Storm 总体架构 …… 95

第 5 章　Storm 运维和监控 …… 97

5.1　主机信息监控 …… 97
5.2　日志和监控 …… 98
5.3　Storm UI 和 NimbusClient …… 99
5.4　Storm Metric 的使用 …… 100
5.5　Storm ZooKeeper 的目录 …… 102
5.6　Storm Hook 的使用 …… 104

第 6 章　Storm 的扩展 …… 107

6.1　Storm UI 的扩展 …… 107
　　6.1.1　Storm UI 原生功能 …… 108
　　6.1.2　Storm UI 新功能需求 …… 108
　　6.1.3　Storm 的 Thrift 接口 …… 109
6.2　资源隔离 …… 110
　　6.2.1　CGroup 测试 …… 111
　　6.2.2　基于 CGroup 的资源隔离的实现 …… 119

第 7 章　Storm 开发 …… 121

7.1　简单示例 …… 121
7.2　调试和日志 …… 122
7.3　Storm Trident …… 124
7.4　Strom DRPC …… 128

第 8 章　基于 Storm 的实时数据平台 …… 129

8.1　Hadoop 到 Storm 的代码迁移经验 …… 129
8.2　实时用户画像 …… 130
　　8.2.1　简单实时画像 …… 130
　　8.2.2　实时画像优化 …… 131
　　8.2.3　实时画像的毫秒级更新 …… 133
8.3　其他场景画像 …… 135
8.4　画像的兴趣度模型构建 …… 136
8.5　外部画像融合经验分享 …… 138
8.6　交互式查询和分析用户画像 …… 142

8.7 实时产品和店铺信息更新 ··· 143

第9章 大数据应用案例 ··· 145
9.1 实时DAU计算 ··· 145
9.2 实时推荐系统 ··· 150
 9.2.1 推荐系统介绍 ··· 150
 9.2.2 实时推荐系统的方法 ··· 153
 9.2.3 基于Storm的实时推荐系统 ··· 156
9.3 广告投放的精准化 ··· 158
 9.3.1 点击率预测 ··· 158
 9.3.2 搜索引擎营销 ··· 161
 9.3.3 精准化营销与千人千面 ··· 161
9.4 实时意图和搜索 ··· 165
 9.4.1 用户意图预测 ··· 166
 9.4.2 搜索比价 ··· 168
 9.4.3 搜索排序 ··· 169

第10章 Storm使用经验和性能优化 ··· 170
10.1 使用经验 ··· 170
 10.1.1 使用`rebalance`命令动态调整并发度 ··· 170
 10.1.2 使用tick消息做定时器 ··· 172
 10.1.3 使用组件的并行度代替线程池 ··· 174
 10.1.4 不要用DRPC批量处理大数据 ··· 174
 10.1.5 不要在Spout中处理耗时的操作 ··· 174
 10.1.6 log4j的使用技巧 ··· 175
 10.1.7 注意`fieldsGrouping`的数据均衡性 ··· 176
 10.1.8 优先使用`localOrShuffleGrouping` ··· 176
 10.1.9 设置合理的`MaxSpoutPending`值 ··· 177
 10.1.10 设置合理的Worker数 ··· 177
 10.1.11 平衡吞吐量和时效性 ··· 178
10.2 性能优化 ··· 179
 10.2.1 找到Topology的性能瓶颈 ··· 179
 10.2.2 GC参数优化 ··· 181
10.3 性能优化原则 ··· 181

附录A Kafka原理 ··· 183

附录B 将Storm源码导入Eclipse ··· 191

第 1 章

绪论

Apache Storm（http://storm.apache.org/）是由 Twitter 开源的分布式实时计算系统。Storm 可以非常容易并且可靠地处理无限的数据流。对比 Hadoop 的批处理，Storm 是一个实时的、分布式的、具备高容错的计算系统。Storm 应用可以使用何编程语言来进行开发，并且非常有趣。

Storm 的使用场景非常广泛，比如实时分析、在线机器学习、分布式 RPC、ETL 等。Storm 非常高效，在一个多节点集群上每秒钟可以轻松处理上百万条的消息。Storm 还具有良好的可扩展性和容错性以及保证数据可以至少被处理一次等特性。

图 1-1 中水龙头和后面水管组成的拓扑图就是一个 Storm 应用（Topology），其中的水龙头是 Spout，用来源源不断地读取消息并发送出去，水管的每一个转接口就是一个 Bolt，通过 Stream 分组的策略转发消息流。

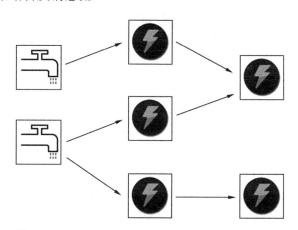

图 1-1　Topology 图（来源 http://storm.apache.org/）

1.1 Storm 的基本组件

1.1.1 集群组成

Storm 的集群表面上看和 Hadoop 的集群非常像。但是在 Hadoop 上运行的是 MapReduce 的作业（job），而在 Storm 上运行的是 Topology。Storm 和 Hadoop 一个非常关键的区别是 Hadoop 的 MapReduce 作业最终会结束，而 Storm 的 Topology 会一直运行（除非显式地杀掉它）。

如果说批处理的 Hadoop 需要一桶桶地搬走水，那么 Storm 就好比自来水水管，只要预先接好水管，然后打开水龙头，水就源源不断地流出来了，即消息就会被实时地处理。

在 Storm 的集群中有两种节点：主节点（Master Node）Nimbus 和工作节点（Worker Node）Supervisor。Nimbus 的作用类似于 Hadoop 中的 JobTracker，Nimbus 负责在集群中分发代码，分配工作给机器，并且监控状态。每个工作节点上运行一个 Supervisor 进程（类似于 TaskTracker）。Supervisor 会监听 Nimbus 分配给那台机器的工作，根据需要启动/关闭具体的 Worker 进程。每个 Worker 进程执行一个具体的 Topology，Worker 进程中的执行线程称为 Executor，可以有一个或者多个。每个 Executor 中又可以包含一个或者多个 Task。Task 为 Storm 中最小的处理单元。一个运行的 Topology 由运行在一台或者多台工作节点上的 Worker 进程来完成具体的业务执行。Storm 组件和 Hadoop 组件的对比参见表 1-1。

表 1-1　Storm 组件和 Hadoop 组件对比

	Storm	Hadoop
角色	Nimbus	JobTracker
	Supervisor	TaskTracker
	Worker	Child
应用名称	Topology	Job
编程接口	Spout/Bolt	Mapper/Reducer

Nimbus 和 Supervisor 之间的通信依靠 ZooKeeper 完成，并且 Nimbus 进程和 Supervisor 都是快速失败（fail-fast）和无状态的，所有的状态要么在 ZooKeeper 里面，要么在本地磁盘上。这也就意味着你可以用 kill -9 来杀死 Nimbus 和 Supervisor 进程，然后再重启它们，它们可以继续工作，就好像什么都没有发生过似的。这个设计使得 Storm 具有非常高的稳定性。Storm 的基本体系架构参见图 1-2。

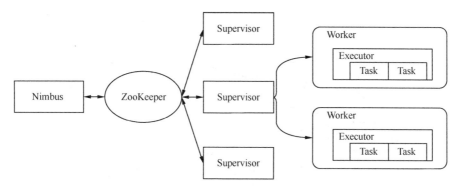

图 1-2　Storm 基本体系架构

1.1.2　核心概念

在 Storm 中有一些核心基本概念，包括 Topology、Nimbus、Supervisor、Worker、Executor、Task、Spout、Bolt、Tuple、Stream、Stream 分组（grouping）等，如表 1-2 所示。

表 1-2　Storm 组件基本概念

组　　件	概　　念
Topology	一个实时计算应用程序逻辑上被封装在 Topology 对象中，类似 Hadoop 中的作业。与作业不同的是，Topology 会一直运行直到显式地杀死它
Nimbus	负责资源分配和任务调度，类似 Hadoop 中的 JobTracker
Supervisor	负责接受 Nimbus 分配的任务，启动和停止属于自己管理的 Worker 进程，类似 Hadoop 中的 TaskTracker
Worker	运行具体处理组件逻辑的进程
Executor	Storm 0.8 之后，Executor 为 Worker 进程中的具体的物理线程，同一个 Spout/Bolt 的 Task 可能会共享一个物理线程，一个 Executor 中只能运行隶属于同一个 Spout/Bolt 的 Task
Task	每一个 Spout/Bolt 具体要做的工作，也是各个节点之间进行分组的单位
Spout	在 Topology 中产生源数据流的组件。通常 Spout 获取数据源的数据（如 Kafka、MQ 等读取数据），然后调用 nextTuple 函数，发射数据供 Bolt 消费，参见图 1-3
Bolt	在 Topology 中接受 Spout 的数据然后执行处理的组件。Bolt 可以执行过滤、函数操作、合并、写数据库等任何操作。Bolt 在接收到消息后会调用 execute 函数，用户可以在其中执行自己想要的操作，参见图 1-4
Tuple	消息传递的基本单元
Stream	源源不断传递的 Tuple 组成了 Stream
Stream 分组	即消息的分区（partition）方法。Storm 中提供若干种实用的分组方式，包括 Shuffle、Fields、All、Global、None、Direct 和 Local or shuffle 等

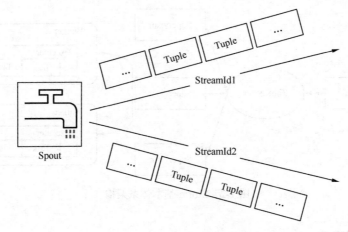

图 1-3 Spout 工作示意图

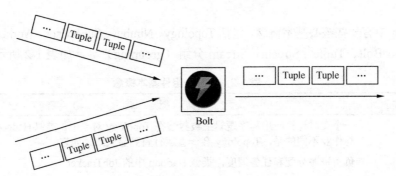

图 1-4 Bolt 工作示意图

在 Storm 中有 7 种内置的分组方式，也可以通过实现 `CustomStreamGrouping` 接口来定义自己的分组。

（1）**Shuffle 分组**：Task 中的数据随机分配，可以保证同一级 Bolt 上的每个 Task 处理的 Tuple 数量一致，如图 1-5 所示。

（2）**Fields 分组**：根据 Tuple 中的某一个 Filed 或者多个 Filed 的值来划分。比如 Stream 根据 user-id 的值来分组，具有相同 user-id 值的 Tuple 会被分发到相同的 Task 中，如图 1-6 所示。（具有不同 user-id 值的 Tuple 可能会被分发到其他 Task 中。比如 user-id 为 1 的 Tuple 都会分发给 Task1，user-id 为 2 的 Tuple 可能在 Task1 上也可能在 Task2 上，但是同时只能在一个 Task 上。）

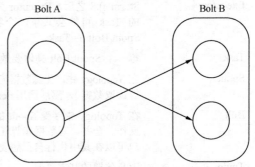

图 1-5 Shuffle 分组随机分配模式

（3）**All** 分组：所有的 Tuple 都会到分发到所有的 Task 上，如图 1-7 所示。

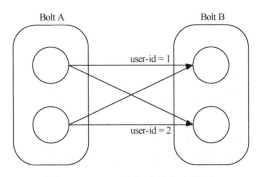

图 1-6　Fields 分组哈希分布模式

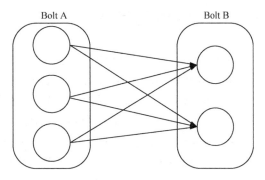

图 1-7　All 分组全量发送模式

（4）**Global** 分组：整个 Stream 会选择一个 Task 作为分发的目的地，通常是具有最新 ID 的 Task，如图 1-8 所示。

（5）**None** 分组：也就是你不关心如何在 Task 中做 Stream 的分发，目前等同于 Shuffle 分组。

（6）**Direct** 分组：这是一种特殊的分组方式，也就是产生数据的 Spout/Bolt 自己明确决定这个 Tuple 被 Bolt 的哪些 Task 所消费。如果使用 Direct 分组，需要使用 OutputCollector 的 emitDirect 方法来实现。

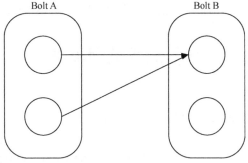

图 1-8　Global 分组单选发送模式

（7）**Local or shuffle** 分组：如果目标 Bolt 中的一个或者多个 Task 和当前产生数据的 Task 在同一个 Worker 进程中，那么就走内部的线程间通信，将 Tuple 直接发给在当前 Worker 进程中的目的 Task。否则，同 Shuffle 分组。

1.1.3　Storm 的可靠性

Storm 允许用户在 Spout 中发射一个新的 Tuple 时为其指定一个 MessageId，这个 MessageId 可以是任意的 Object 对象。多个 Stream Tuple 可以共用同一个 MessageId，表示这多个 Stream Tuple 对用户来说是同一个消息单元。Storm 的可靠性是指 Storm 会告知用户每一个消息单元是否在一个指定的时间内被完全处理。完全处理的意思是该 MessageId 绑定的 Stream Tuple 以及由该 Stream Tuple 衍生的所有 Tuple 都经过了 Topology 中每一个应该到达的 Bolt 的处理。在 Storm 中，使用 Acker 来解决 Tuple 消息处理的可靠性问题。

1.1.4 Storm 的特性

总结起来，Storm 具有如下优点。
- **易用性**：开发非常迅速，容易上手。只要遵守 Topology、Spout 和 Bolt 的编程规范即可开发出扩展性极好的应用。对于底层 RPC、Worker 之间冗余以及数据分流之类的操作，开发者完全不用考虑。
- **容错性**：Storm 的守护进程（Nimbus、Supervisor 等）都是无状态的，状态保存在 ZooKeeper 中，可以随意重启。当 Worker 失效或机器出现故障时，Storm 自动分配新的 Worker 替换失效的 Worker。
- **扩展性**：当某一级处理单元速度不够，可以直接配置并发数，即可线性地扩展性能。
- **完整性**：采用 Acker 机制，保证数据不丢失；采用事务机制，保证数据准确性。

由于 Storm 具有诸多优点，使用的业务领域和场景也越来越广泛。

1.2 其他流式处理框架

1.2.1 Apache S4

Apache S4（http://incubator.apache.org/s4/）是由 Yahoo 开源的多用途、分布式的、可伸缩的、容错的、可插入式的实时数据流计算平台。

S4 填补了复杂的专有系统和面向批处理的开源计算平台之间的差距。其目标是开发一个高性能计算平台，对应用程序开发者隐藏并行处理系统固有的复杂性。S4 已经在 Yahoo! 系统中大规模使用，目前最新版本是 0.6.0。

S4 相对于 Storm 在可靠性和容错性上差一些，S4 不保证完全不丢失数据。在用户活跃度上 S4 也要差一些。

1.2.2 Spark Streaming

Spark 是 UC Berkeley AMP Lab 开源的类 Hadoop MapReduce 的通用的并行计算框架。Spark 基于 MapReduce 算法实现的分布式计算拥有 Hadoop MapReduce 所具有的优点，但不同于 MapReduce 的是，作业中间输出结果可以保存在内存中，从而不再需要读写 HDFS，因此 Spark 能更好地适用于数据挖掘与机器学习等需要迭代的 MapReduce 的算法。

Spark Streaming 是建立在 Spark 上的实时计算框架，通过它提供的 API 和基于内存的高速执行引擎，用户可以结合流式、批处理和交互式进行查询和实时计算。Spark Streaming 的基本的原理是将 Stream 数据分成小的时间片断（几秒钟到几分钟），以类似 batch 批量处理的方式来处理这些小部分数据。Spark Streaming 构建在 Spark 上，一方面是因为 Spark 的低延迟执行引擎可以用于实时计算，另一方面相比基于 Record 的其他处理框架（如 Storm），弹性分布式数据集（Resilient Distributed Datasets，RDD）更容易实现高效的容错处理。此外，小批量处理的方式使得它可以同时兼容批量和实时数据处理的逻辑和算法，方便了一些需要历史数据和实时数据联合分析的特定应用场合。

Spark Streaming 和 Storm 两个框架都提供了可扩展性和容错性，它们根本的区别在于它们的处理模型。Storm 处理的是每次传入的一个事件，而 Spark Streaming 是处理某个时间段窗口内的事件流。因此，Storm 处理一个事件可以达到极低的延迟，而 Spark Streaming 的延迟相对较高。

1.2.3　流计算和 Storm 的应用

大数据的价值在各行各业中得到了广泛使用。针对离线处理，Hadoop 已经成为事实上的标准；针对数据实时处理的需求，目前涌现出了许多平台和解决方案。以下汇总了截至 2014 年流计算和 Storm 的使用情况。

1. 新浪的实时分析平台

新浪实时分析平台的计算引擎是 Storm，整个实时计算平台包括可视化的任务提交 Portal 界面、对实时计算任务的管理监控平台以及核心处理实时计算平台。

Storm 作为核心处理，待处理数据来源为 Kafka。对于实时性要求比较高的应用、数据会直接发送到 Kafka，然后由 Storm 中的应用进行实时分析处理；而对实时性要求不太高的应用，则由 Scribe 收集数据，然后转发到 Kafka 中，再由 Storm 进行处理。

任务提交到 Portal 之前，作业的提交者需要确定数据源、数据的每个处理逻辑，同时确定处理完成后数据的存储、获取和展示方式。在任务提交后，可以完成对任务的管理：编辑、停止、暂停和恢复等。

整个核心处理平台提供了一些通用的模块，如数据的解析（不同的应用有不同的数据格式，可以是简单的分隔符分隔和正则表达式）、对特定字段的 TopN 计数以及数据的过滤和去重，数据处理过程中使用到了缓存 Redis，支持多种存储方式（数据处理完成后可选择的持久化方式有 HBase、HDFS、本地文件和 MySQL 等）。

在应用上，实时分析平台的应用包括 HTTP 日志分析、PV 计算等。

在监控上，通过 Storm 的 Nimbus 节点，获取集群的运行数据，结合 JMX 收集到进程状态信息，将数据发送到统一的监控工具中（如 Ganglia）。

2. 腾讯的实时计算平台

腾讯的实时计算平台 Tencent Real-time Computing 主要由两部分组成：分布式 K/V 存储引擎 TDEngine 和支持数据流计算的 TDProcess。TDProcess 是基于 Storm 的计算引擎，提供了通用的计算模型，如 Sum、Count、PV/UV 计算和 TopK 统计等。整个平台修复了运行中发现的 Storm 的问题，同时引入 YARN 进行资源管理。

据称，整个计算平台每天承载了超过 1000 亿数据量的计算，支持广点通、微信、视频、易迅、秒级监控、电商和互娱等业务上百个实时统计的需求。

3. 奇虎 360 实时平台

奇虎 360 从 2012 年开始引入 Storm，Storm 主要应用场景包括云盘缩略图、日志实时分析、搜索热词推荐、在线验证码识别、实时网络入侵检测等包括网页、图片、安全等应用。在部署中，使用了 CGroup 进行资源隔离，并向 Storm 提交了很多补丁，如 log UI（https://github.com/nathanmarz/storm/pull/598）等。在部署上，Storm 集群复用了其他机器的空闲资源（Storm 部署在其他服务的服务器上，每台机器贡献 1~2 核处理器、1~2 GB 内存），整个规模达到 60 多个集群，15 000 多台物理机，服务于 170 多个业务。每天处理数据量约几百 TB、几百亿条记录。

4. 京东的实时平台

京东的实时平台基于 LinkedIn 开源的 Samza，整个 Samza 包括流处理层 Kafka，执行层 YARN 和处理层 Samza API。一个流式处理由一个或多个作业组成，作业之间的信息交互借助 Kafka 实现，一个作业在运行状态表现为一个或者多个 Task，整个处理过程实际上是在 Task 中完成的。在 Samza 中，Kafka 主要的角色是消息的缓冲、作业交互信息的存储，同一个业务流程中使用 YARN 进行任务调度。在其整个架构中，引入了 Redis 作为数据处理结果的存储，并通过 Comet 技术将实时分析的数据推送到前台展示，整个业务主要应用于京东大家电的订单处理，实时分析统计出待定区域中各个状态的订单量（包括待定位、待派工、待拣货、待发货、待配送、待妥投等）。

5. 百度的实时系统

相对而言，百度在实时系统上开展的比较早，在其流计算平台 DStream 开发时业界尚未有类似的开源系统。截至 2014 年，从公开的资料可以发现，DStream 平台的集群规模已超千台，单集群最大处理数据量超过 50 TB/天，集群峰值 QPS 193W/S，系统稳定性、计算能力已完全满足海量数据时效性处理需求。另一个平台 TM 则保证数据不重不丢，主要用于报表生成系统、计费流计算等。

6. 阿里巴巴团队的 JStorm

JStorm（https://github.com/alibaba/jstorm）是阿里巴巴团队基于 Storm 二次开发的，Spout/Bolt 等接口的使用方式和 Storm 保持完全一致，在 Storm 上开发和运行的代码可以一行不修改就运行在 JStorm 上。Storm 的内核是 Clojure 编写，JStorm 完全用 Java 重写。JStorm 还提供了一些 Storm 没有的特性。

- Nimbus 实现 HA：当一台 Nimbus 宕机，自动热切到备份 Nimbus。
- 任务之间影响小：新上线的任务不会冲击老的任务。采用 CGroups 对资源进行硬隔离，保证程序之间 CPU 不发生抢占。
- 解决 Disruptor 急剧消耗 CPU 问题：当原生 Disruptor 队列慢时，生产方会不断轮询检查 Disruptor 队列是否有空的 Slot，极大消耗队列。
- 调度更强大，彻底解决了 Storm 任务分配不均衡问题。从 CPU、内存、磁盘、网络 4 个维度进行任务分配。
- Classloader 隔离：解决应用的类和 JStorm 的类发生冲突的问题。将应用的类放置在自己的类空间中。
- 监控更强大：Web UI 上展示更多的监控。Task 级别，每一个模块消耗时间和队列长度；Worker 级别，每一个模块消耗时间、队列长度、CPU/Memory 使用以及网络时延；还包括用户自定义监控数据。
- 在 JStorm 的介绍中，JStorm 上的应用能够在一行代码都不需要改动的情况下运行在 Storm 平台上，结合 JStorm 的其他特性，这将给 JStorm 带来更广阔的使用选择。

JStrom 的开发和更新速度非常快，用户活跃度也很高。更多详细信息可以参考 GitHub 的介绍。

第 2 章
实时平台介绍

本章中的实时平台是指针对大数据进行实时分析的一整套系统,包括数据的收集、处理、存储等。一般而言,大数据有 4 个特点:Volumn(大量)、Velocity(高速)、Variety(多样)、Value(价值),因此针对大数据的实时平台有以下特点。

- 低延迟:高延迟意味着实时性的缺失。
- 分布式:互联网时代,大多数的系统都是部署在一套由多台廉价 Linux 服务器组成的集群上。
- 高性能:高速产生的大量数据,通过计算分析获取其中的价值,这需要高性能可靠的处理模型。
- 高扩展性:整个系统要有较强的扩展性,数据井喷时能够通过快速部署解决系统的实时需求。而事实上,随着业务的增长,数据量、计算量会呈指数级增长,所以系统的高扩展性是必须的。
- 容错性:整个系统需要有较强的容错性,一个节点宕机不影响业务。

同时,对于应用开发者而言,平台上运行的应用程序容易开发和维护。各处理逻辑的分布、消息的分发以及消息分发的可靠性对于应用开发者是透明的。对于运维而言,平台还需要是可监控的。

结合互联网大数据应用的特点,我们基于 Storm 构建了实时平台。

2.1 实时平台架构介绍

当网站或者 APP 到达一定的用户量后,一般需要一套 Tracker 系统(如图 2-1 所示),收集用户行为(如用户 IP 地址、页面来源、城市名、浏览器版本、按钮位置等)、页面访问性能、异常出错等信息,然后根据一定的策略上报到日志服务器。搜索、推荐、广告、选品中心等开发团队分析这些日志,可以调整和开发各种功能;产品经理、高级管理人员等通过这些日志及时优化营运并进行正确决策;运维和应用开发人员根据这些日志进行排错和迭代产品等。Tracker 系统在一个成熟的应用中扮演着重要的角色,随着业务的发展,对它的实时性要求也越来越高。

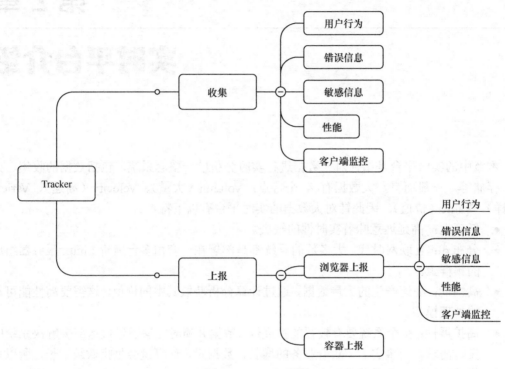

图 2-1 Tracker 系统

Tracker 系统一般采用 JavaScript 语言开发,支持自动打点字段、自动扩展字段等,在网站或者应用的各个页面的事件中嵌入 Tracker 系统的 API,设置一定的策略发送到日志服务器,然后再同步到 Kafka 等消息队列。对于需要实时日志的应用,一般通过 Storm 等流式计算框架从消息队列中拉取消息,完成相关的过滤和计算,最后存到 HBase、MySQL 等数据库中;对于实时性要求不高的应用,消息队列中的日志消息通过 Cloudera 的 Flume 系统 Sink 到 HDFS 中,然后一般通过 ETL、Hive 或者批处理的 Hadoop 作业等抽取到 HBase、MySQL 等数据库中。如图 2-2 所示,日志服务器的数据也可以通过 Flume 系统 Sink 到 Kafka 等消息队列中,供 Storm 实时处理消息。

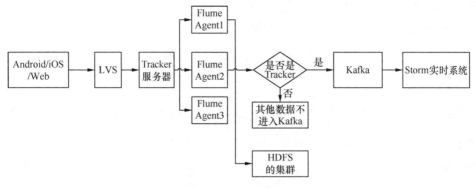

图 2-2　Flume 的过程

2.2　Kafka 架构

在 Kafka 的官方介绍中，Kafka 定义为一个设计独特的消息系统。相比于一般的消息队列，Kafka 提供了一些独特的特性，非常高的吞吐能力，以及强大的扩展性。本小节将简单介绍 Kafka。

2.2.1　Kafka 的基本术语和概念

Kafka 中有以下一些概念。
- Broker：任何正在运行中的 Kafka 示例都称为 Broker。
- Topic：Topic 其实就是一个传统意义上的消息队列。
- Partition：即分区。一个 Topic 将由多个分区组成，每个分区将存在独立的持久化文件，任何一个 Consumer 在分区上的消费一定是顺序的；当一个 Consumer 同时在多个分区上消费时，Kafka 不能保证总体上的强顺序性（对于强顺序性的一个实现是 Exclusive Consumer，即独占消费，一个队列同时只能被一个 Consumer 消费，并且从该消费开始消费某个消息到其确认才算消费完成，在此期间任何 Consumer 不能再消费）。
- Producer：消息的生产者。
- Consumer：消息的消费者。
- Consumer Group：即消费组。一个消费组是由一个或者多个 Consumer 组成的，对于同一个 Topic，不同的消费组都将能消费到全量的消息，而同一个消费组中的 Consumer 将竞争每个消息（在多个 Consumer 消费同一个 Topic 时，Topic 的任何一个分区将同时只能被一个 Consumer 消费）。

如图 2-3 所示，在 Kafka 中，消息将被生产者"推"（push）到 Kafka 中，Consumer 会不停地轮询从 Kafka 中"拉"（pull）数据。

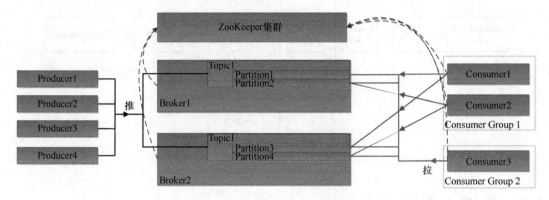

图 2-3　Kafka 中消息的读写过程

2.2.2　Kafka 在实时平台中的应用

在工作环境中，流式计算平台架构如图 2-4 所示。

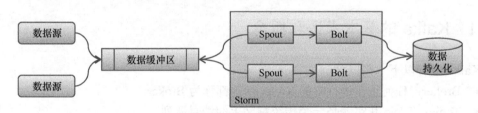

图 2-4　流式计算平台架构

用户访问会源源不断地产生数据，数据要么存储在本地并在需要时发送到相关的应用，要么存储到一个统一的中央存储区中。产生的数据会被 Storm 中的 Spout 抓取、过滤并进行相关处理（例如应用之间协议解析、格式分析、数据校验等），然后发送到 Bolt 中进行数据分析，最终形成可用数据并存储到持久化介质（如 DB）中，供其他应用获取。

数据暂存区的意义在于，首先数据是随着用户的访问而产生的，一般的平台在数据产生后要向其他分析程序"推"数据，而 Storm 是主动抓取数据并进行分析处理，是"拉"；其次即便在 Storm 中实现一个能够接受"推"的模型（如在 Spout 中增加内存队列等），当数据源突然增加时有可能导致 Storm 上应用并发度不足而引起其他状况，此时相当于对 Storm 发起一次 DoS 攻击。因此，去掉数据暂存区对 Storm 的维护、整个平台的运维而言都不是非常好的选择。

很多大数据实时平台的数据暂存区选用了 Kafka，是基于 Kafka 的以下优点。

- **高性能**：每秒钟能处理数以千计生产者生产的消息，详尽的数据请参考官网的压力测试结果。
- **高扩展性**：当 Kafka 容量不够时可以通过简单增加服务器横向扩展 Kafka 集群的容量。
- **分布式**：消息来自数以千计的服务，数据量比较巨大，单机显然不能处理这个量级的数据，为解决容量不足、性能不够等状况，分布式是必需的。
- **持久性**：Kafka 会将数据持久化到硬盘上，以防止数据的丢失。
- **Kafka 相对比较活跃**，而且在 Storm 0.9.2 中，Kafka 已经是 Storm Spout 中的可选 Spout。

本节将简单描述 Kafka，关于其更详尽的信息请直接参考 Kafka 官方文档：http://Kafka.apache.org/documentation.html。

Kafka 是由 LinkedIn 开源的高效的持久化的日志型消息队列，利用磁盘高效的顺序读写特性使得在很多场景下，瓶颈甚至不在于磁盘读写而在于网络的传输上。与 Amazon 的 Dynamo 引领了一批 NoSQL 类似，Kafka 的设计哲学很值得借鉴，在国内很多公司内部的消息队列中均能够看到 Kafka 的身影，如 makfa、metaq、equeue 等。以下将简单介绍 Kafka，关于 Kafka 更多的内容详见附录 A 或者请查阅官方文档。

2.2.3　消息的持久化和顺序读写

Kafka 没有使用内存作为缓存，而是直接将数据顺序地持久化到硬盘上（事实上数据是以块的方式持久化的），同时 Kafka 中的每个队列可以包含多个区并分别持久化到不同的文件中。关于顺序读写的分析，在 Kafka 的官方介绍中有这样的描述："在一个 6×7200 rpm SATA RAID-5 的磁盘阵列上线性写的速度大概是 300 MB/s，但是随机写的速度只有 50 KB/s。"

2.2.4　sendfile 系统调用和零复制

在数据发送端，Kafka 使用 `sendfile` 调用减少了数据从硬盘读取到发送之间内核态和用户态之间的数据复制。

传统上，当用户需要读取磁盘上的数据并发送到客户端时，会经历这样的步骤：打开文件磁盘上的文件准备读取，创建远端套接字（socket）的连接，循环从磁盘上读取数据，将读取到的数据发送出去，发送完成后关闭文件和远端连接。仔细分析其中的步骤，我们会发现，在这个过程中，一份数据的发送需要多次复制。首先，通过 `read` 调用每次从磁盘上读取文件，数据会被从磁盘上复制到内核空间，然后再被复制到读取进程所在的用户空间。其次，通过 `write` 调用将数据从进程所在的用户空间发送出去时，数据会被从用户空间复制到内核空间，再被复制到对应的网卡缓冲区，最终发送出去。期间数据经历了多次复制以及在用户态和内核态之间的多次转换,每一次都将产生一个非常昂贵的上下文切换,当有大量的数据仅仅需要从文件读出并被发送时代价会非常大。

`sendfile` 系统调用优化了上述流程:数据将首先从磁盘复制到内核空间,再从内核空间复制到发送缓冲区,最终被发送出去。在 Linux 系统中,`sendfile` 可以支持将数据发送到文件、网络设备(网卡)或者其他设备上。`sendfile` 是 Kernel 2.2 提供的新特性(从 glibc 2.1 开始提供头文件`<sys/sendfile.h>`)。

图 2-5 中简单对比了使用一般 `read/write` 和使用 `sendfile` 将数据从硬盘中读出并发送的过程。

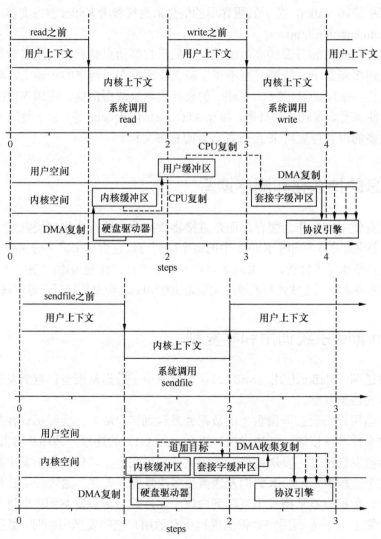

图 2-5 `read/write` 和 `sendfile` 系统调用对比

通过分析,我们可以发现,通过简单的 `read/write` 读取并发送数据,需要 4 次系统调用以及 4 次数据复制;而使用 `sendfile` 只产生 2 次系统调用及数据复制。由于每一次空间切换内核将产生中断、保护现场(堆栈、寄存器的值需要保护以备执行完成后切换回来)等动作,每一次数据复制消耗大量 CPU。`sendfile` 对这两个优化带来的变化是数据发送吞吐量提高,同时减少了对 CPU 资源的消耗。当存在大量需要从硬盘上发送的数据时,其优势将非常明显。也正因此,很多涉及文件下载、发送的服务都支持直接 `sendfile` 调用,如 Apache httpd、Nginx、Lighttpd 等。

2.2.5 Kafka 的客户端

Kafka 目前支持的客户端有 C/C++、Java、.NET、Python、Ruby、Perl、Clojure、Erlang、Scala 等,甚至还提供了 HTTP REST 的访问接口。

在消息生产端,可以预定义消息的投放规则,如某些消息该向哪个 Partition 发送(如可以按照消息中的某个字段,如用户字段,进行哈希,使得所有该用户的消息都发送到同一个 Partition 上)。

在消息的消费端,客户端会将消息消费的偏移量记录到 ZooKeeper 中。如果需要事务性的支持,可以将偏移量的存储放在事务中进行:除非消息被消费并被处理完成,否则事务的回滚将满足再次消费的目的。

2.2.6 Kafka 的扩展

Kafka 依赖于 ZooKeeper,集群的扩容非常方便,直接启动一个新的节点即可。对于已经存在的消息队列,Kafka 提供了相关的工具(kafka-reassign-partitions.sh)将数据迁移到新节点上。在 0.8.1 版本中,该工具尚不能在保证迁移的同时保证负载均衡。

2.3 大众点评实时平台

大众点评网于 2003 年 4 月成立于上海。大众点评网是中国领先的城市生活消费平台,也是全球最早建立的独立第三方消费点评网站。大众点评不仅为用户提供商户信息、消费点评及消费优惠等信息服务,同时亦提供团购、餐厅预订、外卖及电子会员卡等 O2O(Online to Offline)交易服务。大众点评网是国内最早开发本地生活移动应用的企业,目前已经成长为一家领先的移动互联网公司,大众点评移动客户端已成为本地生活必备工具。

2.3.1 相关数据

截止到 2014 年第三季度，大众点评网月活跃用户数超过 1.7 亿，点评数量超过 4200 万条，收录商户数量超过 1000 万家，覆盖全国 2300 多个城市及美国、日本、法国、澳大利亚、韩国、新加坡、泰国、越南、马来西亚、印度尼西亚、柬埔寨、马尔代夫、毛里求斯等近百个热门旅游国家和地区。

截止到 2014 年第三季度，大众点评月综合浏览量（网站及移动设备）超过 80 亿，其中移动客户端的浏览量超过 80%，移动客户端累计独立用户数超过 1.8 亿。

目前，除上海总部之外，大众点评已经在北京、广州、天津、杭州、南京等 130 座城市设立分支机构。

2.3.2 实时平台简介

目前大众点评的实时数据平台经过一段时间的搭建已经基本成型。平台包括了一系列的工具和系统，大部分系统是在原有系统的基础上适当增加功能来完成。主要部分包括了日志打点和收集系统、数据传输和计算平台、持久化数据服务以及在线数据服务等部分。

（1）日志的传输和收集，主要依赖 Blackhole 和 Puma 来完成。Blackhole 是一个大众点评自己开发的类似 Kafka 的分布式消息系统，收集了除 MySQL 日志以外的所有数据源的日志，并以流的形式提供了批量和实时两种数据消费方式。2.3.3 节将具体介绍 Blackhole。Puma 是以 MySQL 从节点（slave node）的方式运行，接收 MySQL 的 binlog，解析 binlog，然后以 MQ 的形式提供数据服务。

日志打点和收集系统包括了以下几个日志数据源。

- 浏览器自助打点服务，供产品经理和运营人员，数据分析人员在页面上配置打点；配置完成后，系统自动将需要打点的地方推送到前端网页上，用户浏览网页时候的点击行为以及鼠标悬停等就会触发相应的日志数据，实时传回后端的日志服务器。
- 在大众点评的 3 个主要 APP（大众点评、大众点评团和周边快查）的框架中内含了所有页面的按钮、页面滑动以及页面切换等的埋点，只要用户有相应的操作，就会记录日志，批量发送到日志服务器。
- 此外，同其他平台的合作（如微信、QQ 空间等）也有相应的埋点，记录对应的日志。

以上所有的用户浏览日志数据加上后端应用的日志、Nginx 日志和数据库的增删改日志等，一并通过日志收集系统实时地传输到日志的消费方（主要是 Storm 中的 Topology）。其他的数据源还包括 MQ 系统，由应用在执行过程中产生。

（2）Storm 是实时平台的核心组成部分，目前在 Storm 上运行了几十个业务 Topology，日处理数据量在百亿级，峰值的数据 TPS 在 10 万左右。随着大众点评业务的发展，数据处理量仍在快速增加。

（3）Topology 中 Bolt 计算的结果数据和中间交换数据根据业务需求存放在 Redis、HBase 或者 MySQL 中。

（4）数据持久化到相应的数据库中后，由 RPC 服务器提供对外统一的访问服务，用户不用关心数据存储的细节、位置和容错，直接获取数据。

整个平台的系统架构如图 2-6 所示。

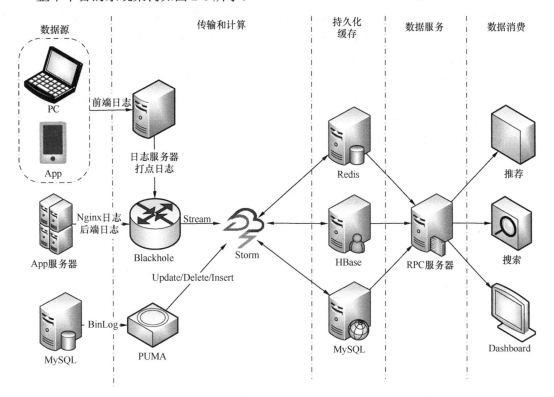

图 2-6　大众点评实时平台系统架构

2.3.3　Blackhole

Blackhole 是类似于 Kafka 的一个流式系统，是大众点评的数据收集和订阅消费的平台。数据仓库的所有日志数据都是由 Blackhole 来完成收集并存入 HDFS 中的。Blackhole 每天收集超过 2 TB 的日志数据。Blackhole 的 Agent 同其他平台工具一起部署在所有的几千台线上机器中，批量日志收集保证数据无丢失，实时数据保证高实效性和高性能。

Blackhole 具有良好的水平扩展性和容错能力。内部基于行为（actor-based）的分布式系统实现系统的高性能；采用 Kafka 类似的提交日志（commit log）保证数据完整性。在 Blackhole 中，分为 4 类角色，即 Supervisor、Broker、Agent 和 Consumer。

- Supervisor：Supervisor 是管理者，负责所有的调度以及元数据管理。Agent、Broker 和 Consumer 都和 Supervisor 维持了心跳信息，如果某个 Broker 失败了，Supervisor 会让这个 Broker 连接的 Agent 和 Consumer 转移到其他 Broker 节点上。进行相应的动态扩容以后，Supervisor 会发起 rebalance 操作，保持负载均衡。
- Broker：Broker 是数据的管理者。Agent 向 Broker 上报数据，Broker 会在本地磁盘缓存数据，用于可靠性保障。Consumer 向 Broker 发送数据所在文件位置的偏移量，获取对应具体的数据。同一个数据源的数据会发送到多个 Broker 中以达到负载均衡的效果。同时 Broker 会批量地将日志文件上传到 HDFS 中，用于后续的作业和各种数据分析。
- Agent：Agent 监听相应的日志文件，是数据的生产者，它将日志发送到 Broker。
- Consumer：Consumer 实时地从 Broker 中获取日志数据。通常将 Storm 的 Spout 作为具体的 Consumer 来消费数据。

Blackhole 体系架构如图 2-7 所示。

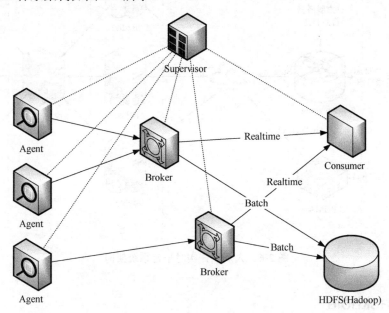

图 2-7　Blackhole 体系架构

2.4　1 号店实时平台

1 号店于 2008 年 7 月成立于上海，开创了中国电子商务行业"网上超市"的先河。至

2013年年底，覆盖了食品饮料、生鲜、进口食品、美容护理、服饰鞋靴、厨卫清洁用品、母婴用品、数码手机、家居用品、家电、保健器械、电脑办公、箱包珠宝手表、运动户外、礼品等14个品类。1号店是中国第一家自营生鲜的综合性电商；在食品饮料尤其进口食品方面，牢牢占据中国B2C电商行业第一的市场份额；进口牛奶的销量占到全国海关进口总额的37.2%；在洗护发、沐浴、女性护理、口腔护理产品等细分品类保持了中国B2C电商行业第一的市场份额；手机在线销售的市场份额跻身中国B2C电商行业前三名。

1号店拥有9 000万注册用户，800多万的SKU，2013年实现了115.4亿元的销售业绩，数据平台处理3亿多的独立用户ID（未登录用户和登录用户），100T的数据量。

2013年规划1号店实时平台时，主要的应用为个性化推荐、反爬虫、反欺诈分析、商铺订单、流量实时分析和BI实时报表统计。平台搭建之初，已上线的应用中每天需要实时分析的数据量峰值在450 GB左右，秒级别延迟。基于Storm的流计算也同样适用于搜索实时索引、移动端流量分析、广告曝光数据分析、风险控制和移动端访问数据分析等应用场景。

和所有互联网公司大数据分析服务一样，1号店的数据服务包括数据的采集、收集、分析、持久化、应用引擎、推送和展示等。数据的收集主要来自基于JavaScript的内部实现的服务（如Tracker、基于开源的HAProxy的日志等），数据收集后，部分要求准实时的服务会暂时持久化到硬盘上，后通过Flume（这里使用的Flume是Flume-ng版本1.4，以下不再赘述）、syslogd等推送到Kafka中，Storm上的实时应用实时获取Kafka中的数据进行分析，并将结果持久化供相关业务使用和展示。

1号店实时处理平台架构如图2-8所示。

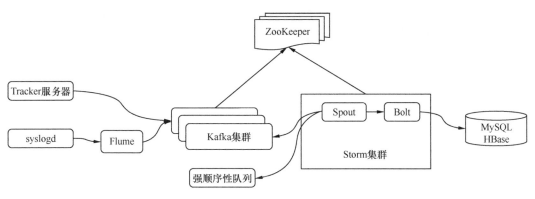

图2-8　1号店实时处理平台架构

整个平台用于处理用户访问产生的数据，包括行为数据、HA Log、广告曝光数据和流量数据等，数据会在产生的第一时间被收集并发送到日志转发服务（如Scribe、Flume）上，然后由日志转发服务将其推到Kafka对应的Topic中。如果需要通过Hadoop计算全量，也会推送到HDFS中。运行在Storm中的应用会读取Kafka中的数据进行分析，并将分析结果持久化到持久化层中。推送引擎主动获取持久化层中的数据，将处理结果推送到对应的业务系统并最终展示给用户。在整个平台中，使用 Flume 作为数据推送组件是基于以下几点考虑。

- Flume 能够接收多种数据源，包括获取控制台输出、tail、syslogd、exec 等，支持 TCP 和 UDP 协议。
- Flume 支持基于内存、文件等通道，数据在转发到相关服务之前暂时存放于通道内。
- Flume 支持多种数据推送，如将数据推送到 HDFS、MySQL、HBase、MongoDB 中。
- Flume 有着非常优雅的实现，通过编写相应的 plugin，能够轻易扩展支持其他类型的数据源和推送。
- Flume 具有高性能。

使用 Kafka 作为数据的缓存主要是基于以下几点考虑。

- 某些数据会被多种业务使用，如访问日志，既用于反爬虫分析也用于反欺诈、反注入分析，一个同样的数据会被消费多次，而 Kafka 能够满足该需求。
- 从实时平台而言，Storm 中 Spout 的消息消费类型属于"拉"模式，而数据产生服务属于"推"模式（有访问就有数据），中间需要同时支持"推"和"拉"的消息平台。
- Kafka 在单台 6 块硬盘的服务器上实测峰值能够达到 600 Mbit/s，数据的产生和消费是准实时的，性能上是可以接受的。
- 对于互联网应用而言，数据的高峰可能是间歇性、井喷性的，如"大促"、"周年庆"、"双 11"等时段的流量可能是平时的 5 倍甚至 10 倍。从就成本而言，与其维护一个容量为平时流量 10 倍的集群倒不如维护一个容量为平时 2~3 倍容量而数据井喷时允许一定的延迟的集群更划算些。

第 3 章

Storm 集群部署和配置

本章中主要介绍了 Storm 的部署过程以及相关的配置信息。通过本章内容，帮助读者从零开始搭建一个 Storm 集群。相关的过程和主要的配置选项是 Storm 的运维人员需要重点关注的，对部署和配置选项不感兴趣的读者，可以跳过本章。

在开始 Storm 之旅前，我们先看一下 Storm 部署和配置的相关信息，并提交一个 Topology，了解 Storm 的基本原理。Storm 的部署模式包括单机和集群环境，同时在向 Storm 环境中提交 Topology 时，可以提交为本地（LocalCluster）或集群模式。Storm 上应用的第一编程语言是 Java，通过 Storm 的本地集群模式，Topology 可以在 Eclipse 中直接运行、调试，因此关于 Storm 的部署这里只涉及本地和集群模式。

在本地模式中，Storm 会在进程中模拟 Storm 集群的功能，编写的 Topology 代码无需提交可以直接在本地运行，这对于开发和测试 Topology，非常有好处。

3.1 Storm 的依赖组件

要部署 Storm，需要部署以下几个相关组件。
- JDK：可以到 Oracle 官网下载并部署，设置环境变量（JAVA_HOME、PATH 和 CLASSPATH）并使之生效；JDK 部署完成后通过 `java -version` 命令可以查看到对应的 JDK 版本，如图 3-1 所示。

```
[deploy@storm-supervisor-00 ~]$ java -version
java version "1.6.0_37"
Java(TM) SE Runtime Environment (build 1.6.0_37-b06)
Java HotSpot(TM) 64-Bit Server VM (build 20.12-b01, mixed mode)
```

图 3-1　JDK 安装测试

- ZooKeeper：Storm 本身重度依赖于 ZooKeeper，同时在我们线上的环境中还有其他依赖于 ZooKeeper 的服务，因此单独部署一个专门用于流式计算的 ZooKeeper 是非常有必要的。
- Storm：Storm 可以从其官方地址 http://storm.apache.org/ 下载。

若部署 0.9 版本之前的 Storm，还需要安装 ZMQ 和 JZMQ（除非作为研究之用，否则不推荐）。Storm 在 0.9 之前使用的消息传输机制是 ZMQ，从 0.9 开始引入 Netty（也还支持 ZMQ）。相比 ZMQ 的 C 实现，纯 Java 实现的 Netty 能够提供更好的性能和可管理性（ZMQ 不能通过 -Xmx 等对内存进行管理）。

在 Yahoo!中运行着一个超过 250 个节点的 Storm 集群，雅虎改进了 Storm 对 ZooKeeper 的依赖，使得 0.9.2 版本时一个 ZooKeeper 集群已经能够支持 2000 个节点，而他们的目标是到 2015 年一个 Storm 集群支持超过 4000 个节点。

3.2 Storm 的部署环境

Storm 集群分为 Nimbus 节点和 Supervisor 节点。

- Nimbus 节点：用于提交应用 Topology、管理整个 Storm 节点（将 Topology 的 Task 分配给 Worker、监控各个 Supervisor 节点的状态进行负载均衡等）。Nimbus 节点上不能运行 Worker。
- Supervisor 节点：负责从 ZooKeeper 上获取、启动并运行任务。

因此相对而言，我们认为 Nimbus 并不需要 Supervisor 节点那么高的配置，在我们的测试环境中，Nimbus 的硬件配置只有 Supervisor 节点的一半。Storm UI 节点也不需要高配置，可以和 Nimbus 节点在同一台机器上。

3.3 部署 Storm 服务

以下简要介绍一下 Storm 的部署。

3.3.1 部署 ZooKeeper

在我们编写本书时，ZooKeeper 最新稳定版本已经是 3.4.6，鉴于我们的环境上运行的是 3.4.5 且该版本在生产环境中已经稳定运行较长时间，因此本书是基于 3.4.5 版本（在部署上 3.4.5 版本和 3.4.6 版本并没有任何的不同之处）。ZooKeeper 的部署可以参考 ZooKeeper 官网的安装手册：http://ZooKeeper.apache.org/doc/trunk/ZooKeeperStarted.html。ZooKeeper 的安装文件可以从 http://www.apache.org/dyn/closer.cgi/ZooKeeper/ 下载。直接下载编译好的版本，解压，修改相应的配置即可，在此不再赘述。

从版本 3.4.0 开始，ZooKeeper 提供了自动清理快照（snapshot）和事务日志的功能，需要在 zoo.cfg 配置文件中设置。

```
autopurge.purgeInterval=1
autopurge.snapRetainCount=3
```

- `autopurge.purgeInterval`：这个参数指定了持久化日志清理频率，单位是小时，默认是 0，表示不开启自动清理功能。
- `autopurge.snapRetainCount`：这个参数和上面的参数搭配使用，用于指定需要保留的持久化日志文件数目，默认是保留 3 个。

值得注意的是，ZooKeeper 推荐部署奇数台服务器（根据 ZooKeeper 的特性，2N+1 台的 ZooKeeper 集群，当 N 个节点不能访问时，整个 ZooKeeper 仍然是可用的）。

3.3.2 部署 Storm

在 Storm 官网上（http://storm.apache.org/downloads.html）可以获取到 Storm 的最新和最近几个版本。

在编写本书时，Storm 最新稳定版本已经是 0.9.3，鉴于在我们的环境中使用的是 Storm 0.9.0.1 版本且该版本经过一些参数调整后已经稳定运行，本节中使用的仍旧是 0.9.0.1。

Storm 可以下载编译好的版本并在下载完成后将其放入安装路径中。我们习惯于新建一个路径用于安装所有流计算相关的组件（如 Flume、Kafka、ZooKeeper、Storm 等），例如：

```
/home/storm
```

将 Storm 安装文件移动到安装路径下：

```
mv storm-0.9.0.1.tar.gz /home/storm/
```

解压安装包：

```
tar zxvf storm-0.9.0.1.tar.gz
```

3.3.3 配置 Storm

Storm 的配置文件为 storm-0.9.0.1/conf/storm.yaml。在运行 Storm 进程之前，需要对该配置文件进行基本配置。表 3-1 列出了 Storm 中部分比较重要的配置信息。

表 3-1 Storm 的配置项

Storm 配置项	备 注
`java.library.path`	Storm 本身依赖包的路径，存在多个时用冒号分隔
`storm.local.dir`	Storm 使用的本地文件系统目录（必须存在并且 Storm 进程可读写）
`storm.ZooKeeper.servers`	Storm 集群对应的 ZooKeeper 集群的主机列表
`storm.ZooKeeper.port`	Storm 集群对应的 ZooKeeper 集群的服务端口，ZooKeeper 默认端口为 2181
`storm.ZooKeeper.root`	Storm 的元数据在 ZooKeeper 中存储的根目录
`storm.cluster.mode`	Storm 运行模式，集群模式需设置为 `distributed`（分布式的）
`storm.messaging.transport`	Storm 的消息传输机制，使用 Netty 作为消息传输时设置成 `backtype.storm.messaging.netty.Context`
`Nimbus.host`	整个 Storm 集群的 Nimbus 节点
`Nimbus.Supervisor.timeout.secs`	Storm 中每个被发射出去的消息处理的超时时间，该时间影响到消息的处理，同时在 Storm UI 上杀掉一个 Topology 时的默认时间（`kill` 动作发出后多长时间才会真正将该 Topology 杀掉）
`ui.port`	Storm 自带 UI，以 HTTP 服务形式支持访问，此处设置该 HTTP 服务的端口（非 root 用户端口号需要大于 1024）
`ui.childopts`	Storm UI 进程的 Java 参数设置（对 Java 进程的约束都可以在此设置，如内存等）
`logviewer.port`	此处用于设置该 Log Viewer 进程的端口（Log Viewer 进程也为 HTTP 形式，需要运行在每个 Storm 节点上）
`logviewer.childopts`	Log Viewer 进程的参数设置
`logviewer.appender.name`	Storm log4j 的 appender，设置的名字对应于文件 storm-0.9.0.1/logback/cluster.xml 中设置的 appender，cluster.xml 可以控制 Storm logger 的级别
`Supervisor.slots.ports`	Storm 的 Slot，最好设置成 OS 核数的整数倍；同时由于 Storm 是基于内存的实时计算，Slot 数不要大于每台物理机可运行 Slot 个数：（物理内存－虚拟内存）/单个 Java 进程最大可占用内存数

`worker.childopts`	Storm 的 Worker 进程的 Java 限制，有效地设置该参数能够在 Topology 异常时进行原因分析：
	`-Xms1024m -Xmx1024m -XX:+UseConcMarkSweepGC`
	`-XX: +UseCMSInitiatingOccupancyOnly`
	`-XX:CMSInitiatingOccupancyFraction=70`
	`-XX:+HeapDumpOnOutOfMemoryError`
	其中：Xms 为单个 Java 进程最小占用内存数，Xmx 为最大内存数，设置 `HeapDumpOnOutOfMemoryError` 的好处是，当内存使用量超过 Xmx 时，Java 进程将被 JVM 杀掉同时会生成 java_pidxxx.hprof 文件；使用 MemoryAnalyzer 分析 hprof 文件将能够分析出内存使用情况从而进行相应的调整、分析是否有内存溢出等情况

`zmq.threads`	Storm 0.9.0.1 也支持基于 ZMQ 的消息传递机制，此处为对 ZMQ 的参数设置；建议使用默认值

续表

Storm 配置项	备 注
storm.messaging.netty.buffer_size netty	传输的 buffer 大小，默认 1 MB，当 Spout 发射的消息较大时，此处需要对应调整
storm.messaging.netty.max_retries	这几个参数是关于使用 Netty 作为底层消息传输时的相关设置，需要重视，否则可能由于 bug (https://issues.apache.org/jira/browse/STORM-187) 而引起错误 java.lang.IllegalArgumentException: timeout value is negative
storm.messaging.netty.max_wait_ms	
storm.messaging.netty.min_wait_ms	
Topology.debug	该参数可以在 Topology 中覆盖，表示该 Topology 是否运行于 debug 模式。运行于该模式时，Storm 将记录 Topology 中收发消息等的详细信息，线上环境不建议打开
Topology.acker.executors	Storm 通过 Acker 机制保证消息的不丢失，此参数用于设置每个 Topology 的 Acker 数量，由于 Acker 基本消耗的资源较小，强烈建议将此参数设置在较低的水平（我们的环境中设置为 1），可在 Topology 中进行覆盖
Topology.max.spout.pending	一个 Spout Task 中处于 pending 状态的最大的 Tuple 数量。该配置应用于单个 Task，而不是整个 Spout 或 Topology，可在 Topology 中进行覆盖

需要注意的是，Storm 的配置文件为 `yaml` 文件，配置项后面必须跟一个空格才能跟配置值。

除了 `conf/storm.yaml` 配置文件之外，还有两个需要注意的配置。

（1）logback/cluster.xml 文件，其中可以配置 Storm 的日志级别矩阵信息等。

（2）操作系统的配置（通过 `ulimit -a` 查看），其中有两项信息需要配置。

- `open files`：当前用户可以打开的文件描述符数。
- `max user processes`：当前用户可以运行的进程数，此参数太小将引起 Storm 的一个错误，如下所示。

```
java.lang.OutOfMemoryError: unable to create new native thread
        at java.lang.Thread.start0(Native Method) [na:1.6.0_35]
        at java.lang.Thread.start(Thread.java:640) [na:1.6.0_35]
        at java.lang.UNIXProcess$1.run(UNIXProcess.java:141) ~[na:1.6.0_35]
        at java.security.AccessController.doPrivileged(Native Method) ~[na:1.6.0_35]
```

操作系统配置信息如图 3-2 所示。

在 Storm 节点部署、配置完成后，即可将 Storm 进程运行起来。

```
[root@storm-nimbus storm-0.9.0.1]# ulimit -a
core file size          (blocks, -c) 0
data seg size           (kbytes, -d) unlimited
scheduling priority             (-e) 0
file size               (blocks, -f) unlimited
pending signals                 (-i) 29471
max locked memory       (kbytes, -l) 64
max memory size         (kbytes, -m) unlimited
open files                      (-n) 1024000
pipe size            (512 bytes, -p) 8
POSIX message queues     (bytes, -q) 819200
real-time priority              (-r) 0
stack size              (kbytes, -s) 10240
cpu time               (seconds, -t) unlimited
max user processes              (-u) 1024000
virtual memory          (kbytes, -v) unlimited
file locks                      (-x) unlimited
```

图 3-2 配置信息

3.4 启动 Storm

在 Storm 配置好了之后，可以启动 Storm 进程。
- 启动 Nimbus 进程：`bin/storm nimbus`。
- 启动 Supervisor 进程：`bin/storm supervisor`。
- 启动 UI 进程：`bin/storm ui`。
- 启动 Log Viewer 进程：`bin/storm logviewer`。

在 Storm Nimbus 节点上需要运行的进程为 Nimbus、UI 和 Log Viewer，在 Storm Supervosor 节点上需要运行的进程为 Supervisor 和 Log Viewer。

3.5 Storm 的守护进程

理论上，Storm 的相关进程启动后就可以进行提交 Topology 等操作了。唯一需要注意的是，以上启动 Storm 进程命令在 SSH 退出后也将导致 Storm 相关进程结束，因此我们需要使得 Storm 相关进程在后台运行。

由于 Storm 被设计成高容错，即当 Supervisor 进程因异常退出时，上面运行的 Worker 进程不受影响仍能正常工作（虽然不能再启动新的 Worker 进程了），因此需要给 Storm 编写一个守护进程，用于守护 Storm 的正常运行。

我们使用了 Storm 的守护进程 stormDaemon 实现了以下几个功能。

（1）根据/etc/sysconfig/network 中的主机名，每隔 5 秒守护 Storm 进程，当发现其不存在时启动对应的进程（作为 Nimbus 节点的主机，其 hostname 上会包含 Nimbus 的字符串，而作为 Supervisor 节点的主机，其 hostname 上会包含 Supervisor 的字符串）。

（2）将该服务注册成 Linux 服务，使得 Linux 服务器重启后不需要人工干预即可正常启动 Storm 服务（通过 `chkconfig --add`）。

（3）当 Supervisor 节点因为某些原因启动不起来，需要重建 logs 目录以及 storm.local.dir 目录时，能够自动实现。

（4）Storm 异常退出时，可以调用 sendmail 自动提醒 Storm 集群的 owner 对集群进行日常维护等。

（5）在 Nimbus 节点上运行 Nimbus 相关进程，在 Supervisor 节点上运行 Supervisor 进程。

（6）为方便系统的运维，该脚本既能仅仅单纯启停 Storm 进程，也能守护 Storm 进程；该脚本仅仅启停 Storm 的 Nimbus、Supervisor、UI、Log Viewer 进程，对已经在运行的 Worker 进程不做任何限制。

实现以上功能的守护进程的脚本可以参考 https://github.com/jeremychen/StormDeamon，该脚本的运行如图 3-3 所示。

```
[root@storm-nimbus storm-0.9.0.1]# ./StormDaemon
Usage: sdaemon {start|stop|status|restart|startStorm|stopStorm}.
Description:
  start   : Start the daemon and the storm process.System will launch the storm process in 5 seconds
  stop    : Stop the storm daemon and process.
  restart: Just call the stop and then start
  startStorm:  Start the storm process not in daemon
  stopStorm :  Stop the storm process(if you want to stop the storm, call the stop should be better)

Notice:
  1. You need to set the environment variable ${STORMHOME} before to run this script.
  2. Checkup the file "/etc/sysconfig/network", and the HOSTNAME in the file should be follow:
      1) For nimbus node, the value should be contain a keyword "nimbus"
      2) For supervisor node, the value should be contain a keyword "supervisor"
```

图 3-3 Storm 守护程序运行示例

可以按照以下步骤部署该脚本。

（1）将该脚本置于系统 init 目录下：`/etc/init.c`。

（2）如图 3-4 所示，增加一个 Linux 服务。

```
[root@storm-nimbus storm-0.9.0.1]# chkconfig --add stormDaemon
```

图 3-4 将守护进程加入系统启动项

（3）如图 3-5 所示，检查该守护进程服务是否成功添加到系统启动项中。

```
[root@storm-nimbus storm-0.9.0.1]# chkconfig --list | grep stormDaemon
stormDaemon     0:off   1:off   2:on    3:on    4:on    5:on    6:off
```

图 3-5 检查守护进程加入系统启动项

当然，也可以手动启动守护进程。

注意，脚本通过以下配置判断该运行 Storm 的服务器上运行的是 Nimbus 节点还是 Supervisor 节点。

```
Nimbus='cat /etc/sysconfig/network | grep HOSTNAME | grep "Nimbus" | wc -l'
Supervisor='cat /etc/sysconfig/network | grep HOSTNAME | grep "Supervisor" | wc -l'
```

即配置主机名的 HOSTNAME 中，作为 Nimbus 节点需要有包含 Nimbus 的字符串，作为 Supervisor 节点需要包含 Supervisor 的字符串，否则将不会启动任何 Storm 进程。

在生产环境中，也可以使用 nohup 命令来完成启动 Storm 的节点为守护进程。例如，Nimbus 节点的启动可以使用如下命令来，并把错误日志输出到 nimbus.out：

```
nohup bin/storm nimbus > /data/logs/nimbus.out 2>&1 &
```

3.6 部署 Storm 的其他节点

当 Storm 的一个节点部署并配置完成后，其他节点可以完全直接复制，完成后直接运行。由此也可以看出，Storm 扩容时将会是非常方便的。因此对于我们要创建一个具有 6 个节点的 Storm 集群而言，直接将以上已经配置好的安装文件远程复制过去即可。

需要注意的是，JDK 环境变量需要设置好，`storm.yaml` 配置文件中配置的路径（`storm.local.dir`、`java.library.path` 等）需要预先创建并具有对应的权限。其他节点的部署在此不再赘述。

3.7 提交 Topology

Storm 提供了一个示例工程 `storm-starter`，以便用户更好地理解 Storm 的机制，更容易、快速地入门。该工程可以从 https://github.com/nathanmarz/storm-starter 获取。

在获得该示例代码后，通过 Maven 编译成 JAR 包，在 Nimbus 节点上提交应用即可在 Storm UI 上看到运行信息。

Storm UI 分成 Cluster Summary、Topology Summary、Supervisor Summary、Nimbus Configuration 四个部分，其实就是四个用 HTML 绘制的表格，引入了 `bootstrap.css` 而已。更进一步地说，整个 Storm UI 都是动态 HTML 绘制的，如图 3-6 所示。

- Cluster Summary：介绍了整个集群的信息，其中列出了 Slot 的总数和使用情况，通过空闲 Slot（free slots）我们可以预估整个 Storm 的容量以确定集群的扩容等。
- Topology Summary：介绍了整个 Storm 集群上面运行的 Topology 的情况，选择每个具体的 Topology，可以看到该 Topology 的所有 Spout、Bolt 及其统计信息。
- Supervisor Summary：介绍了整个 Storm 集群中的所有的 Supervisor 节点的状态，其中 Uptime 是 Supervisor 进程启动后到当前的运行时间。
- Nimbus Configuration：介绍了整个 Storm 集群的配置信息，由于所有的节点都采用了同样的配置，因此该配置信息实际上也是整个集群的配置，其中：

- **nimbus.thrift.port**：该端口为 Thrift 服务端口，当需要对 UI 进行二次开发时，可以根据 thrift 通过该端口获取 Storm 的运行状态（Storm UI 就是通过该端口调用 Thrift 接口获取到整个 Storm 的运行状态的）；
- **storm.messaging.transport**：当其值为 `backtype.storm.messaging.netty.Context` 时，表示整个 Storm 集群使用的是 Netty 的消息传输机制；
- **worker.childopts**：表示 Topology 分布到各个 Supervisor 节点上运行时的 JVM 参数。

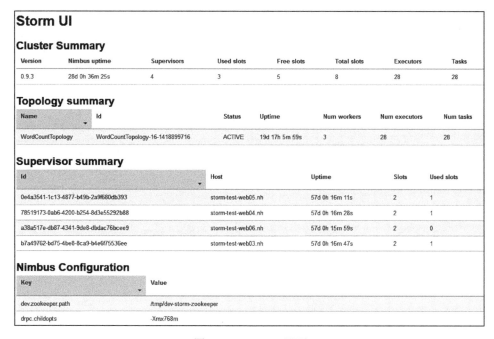

图 3-6　Storm UI 界面

在整个 Storm 的部署及使用过程中，需要注意以下两点。

- 在 Storm 的根目录下，有一个 `lib` 目录，里面是 Storm 本身依赖的 JAR 包；这里的所有 JAR 包会在 Storm Worker 进程启动时被加载，因此个人编写的 JAR 包不建议放在该目录下，以免包更新带来的不便。
- 向 Storm 集群提交 Topology 时，建议将该 Topology 所有依赖的 JAR 包和业务源代码都打成一个 JAR 包，这样业务需要的 JAR 包都和 Topology 在同一个 JAR 包中，否则当 Topology 依赖的 JAR 包更新时需要将该更新包放到所有的 Storm 节点上，同时对于一个公共 Storm 集群而言，各应用依赖的 JAR 包将是互相独立的，不会造成混淆。

第 4 章

Storm 内部剖析

本章会对 Storm 的源码和内部执行情况进行比较深入的剖析，加深读者对 Storm 的了解。由于 Storm 的核心代码是 Clojure 的，在本章中也会出现少量的 Clojure 代码，相应的地方会有注释说明。如果想学习 Storm 的一些具体使用而不太关心其内部实现，则可以跳过本章。

4.1 Storm 客户端

如果要提交一个 Topology 给 Storm，可以执行以下命令（这里以 `storm-starter` 的 `WordCountTopology` 为例）：

```
storm jar storm-starter-0.9.2-incubating-jar-with-dependencies.jar
storm.starter.WordCountTopology word-count
```

首先，调用了 `storm` 这个命令，也就是执行了 `$STORM_HOME/bin` 目录下的 storm 文件，这个命令是用 Python 来实现的，这个相当于是 Storm 的客户端。打开 storm 文件，找到：

```
def jar(jarfile, klass, *args):
```

函数实现就只有一行，调用 `exec_storm_class`，拼出一条 Java 命令，然后用 `os.execvp(JAVA_CMD, all_args)` 去执行。

```
exec_storm_class(
    klass,
    jvmtype="-client",
    extrajars=[jarfile, USER_CONF_DIR, STORM_DIR + "/bin"],
    args=args,
    jvmopts=JAR_JVM_OPTS + ["-Dstorm.jar=" + jarfile])
```

```
def exec_storm_class(klass, jvmtype="-server", jvmopts=[], extrajars=[], args=[],
fork=False):
    global CONFFILE
    all_args = [
        JAVA_CMD, jvmtype, get_config_opts(),
        "-Dstorm.home=" + STORM_DIR,
        "-Djava.library.path=" + confvalue("java.library.path", extrajars),
        "-Dstorm.conf.file=" + CONFFILE,
        "-cp", get_classpath(extrajars),
    ] + jvmopts + [klass] + list(args)
    print "Running: " + " ".join(all_args)
    if fork:
        os.spawnvp(os.P_WAIT, JAVA_CMD, all_args)
    else:
        os.execvp(JAVA_CMD, all_args) # replaces the current process and
        # never returns
```

其中 `klass` 为 JAR 需要执行的类 `storm.starter.WordCountTopology`，`args` 为传递给类的 `main` 方法的参数列表，如 Topology 的名称和其他自动设定的参数等，实际上就是执行了 `WordCountTopology` 的 `main` 方法。

`WordCountTopology` 的 `main` 方法，除了构建 Topology 的 DAG（有向无环图）代码外，核心就是：

```
Config conf = new Config();
conf.setDebug(true);
if (args != null && args.length > 0) {
    conf.setNumWorkers(3);
    StormSubmitter.submitTopologyWithProgressBar(args[0], conf, builder.createTopology());
}
```

在 Topology 中开启调试模式，并设置 Worker 数量为 3 个，然后调用 `StormSubmitter` 的 `submitTopologyWithProgressBar` 方法，提交 Topology 到 Storm 集群中。

在 `submitTopologyWithProgressBar` 方法中构造了 `ProgressListener`，用来显式提交 Topology 的进度，并且调用：

```
submitTopology(String name, Map stormConf, StormTopology Topology, SubmitOptions opts,
    ProgressListener progressListener)
```

在 `submitTopology` 方法中，首先读取配置，包括以下步骤。

（1）校验 Topology 的定制化的 `stormConf` 配置是否支持 JSON 序列化，若不支持，抛出 `IllegalArgumentException`。

（2）将 Topology 的定制的 `stormConf` 转换为 Map。
（3）读取命令行的参数，加入 `stormConf` 中，并加入 Map 中。
（4）从`$STORM_HOME/conf/storm.yaml` 读取配置参数 `conf`，再把 `stormConf` 也加入 `conf` 中，可见 Topology 定制化配置和命令行参数的优先级更高。
（5）将配置转换为 JSON，用于发送到 Nimbus 服务器。

执行 `StormSubmitter` 的机器可以认为是一个 Thrift 客户端，而 Nimbus 则是 Thrift 服务器，所以所有的操作都是通过 Thrift RPC 来完成的。Storm 在集群模式的时候，会验证集群中是否已经存在同名的 Topology。使用 NimbusClient 通过 Thrift 调用获得所有的 Cluster Summary（包括 Nimbus、Supervisors 等信息），遍历 Cluster Summary 拿到 Topology Summary，判断 Topology 的名称和集群中的 Topology 是否重名，重名则抛出 `RuntimeException`，终止提交过程。验证完毕后，执行 `submitJar` 过程，把数据通过 RPC 发过去，并放到 Nimbus 服务器节点的本地目录。

（1）找到本地需要提交的 JAR 的位置（获取 storm.jar 环境变量的值，该值在执行 `storm jar` 命令时，`exec_storm_class` 通过`"-Dstorm.jar="` + `jarfile` 的时候传入）。
（2）通过 NimbusClient 得到远程的上传文件夹的位置 `String uploadLocation = client.getClient().beginFileUpload()`，具体为 Nimbus 节点的`$STORM_DATA/Nimbus/inbox` 文件夹下。
（3）通过 `BufferFileInputStream` 读取 JAR 文件的二进制流到 `byte[] toSubmit`，并上传，直至整个 JAR 文件上传完毕。

```
client.getClient().uploadChunk(uploadLocation, ByteBuffer.wrap(toSubmit));
```

（4）完成 JAR 上传后，执行 `client.getClient().finishFileUpload(upload Location);`执行完 `submitJar` 过程后，通过 NimbusClient 的 RPC 调用，将 Topology 提交到集群中。

```
client.getClient().submitTopologyWithOpts(name, submittedJar, serConf,
    Topology, opts);
```

`submitTopologyWithOpts` 的参数中 `name` 为 Topology 的名称；`submittedJar` 为 Nimbus 节点上的 JAR 的位置；`serConf` 为 JSON 序列化之后的 Topology 的配置，包括 Topology 的定制化配置、命令行参数和集群的默认配置等；`Topology` 为当前 Topology 的 DAG、并发度等；`opts` 可以用来控制 Topology 的启动过程，可以为 null。

至此，通过 `storm jar` 命令已经将 Topology 提交到了 Storm 的 Nimbus 节点，客户端过程完成，后续 Topology 将由 Nimbus 进行调度，Supervisor 启动具体的 Worker 来执行。

通过执行 `storm`，除了提交 Topology 以外，还包括了 `kill`（杀死 Topology）、`active`（激活 Topology）、`deactive`（暂停 Topology）、`reblance`（重新调度分配 Topology）和 `list`（列出当前所有的 Topology）等命令。

4.2 Nimbus

Nimbus 作为 Storm 的核心，担负着对 Topology 的调度和分配，接受 Storm 客户端的命令以及 Strom UI 的请求等任务。

4.2.1 启动 Nimbus 服务

启动 Nimbus 是在 Nimbus 节点上，通过执行命令 storm Nimbus 来启动。建议在命令行或者脚本中用 nohup $STORM_HOME/bin/storm Nimbus > $STORM_LOGS/Nimbus.out 2>&1 &启动为后台守护进程。

查看$STORM_HOME/bin/storm 中的 def Nimbus 函数：

```
def Nimbus(klass="backtype.storm.daemon.Nimbus"):
    """Syntax: [storm Nimbus]

    Launches the Nimbus daemon. This command should be run under
    supervision with a tool like daemontools or monit.

    See Setting up a Storm cluster for more information.
    (http://storm.incubator.apache.org/documentation/Setting-up-a-Storm-cluster)
    """
    cppaths = [CLUSTER_CONF_DIR]
    jvmopts = parse_args(confvalue("Nimbus.childopts", cppaths)) + [
        "-Dlogfile.name=Nimbus.log",
        "-Dlogback.configurationFile=" + STORM_DIR + "/logback/cluster.xml",
    ]
    exec_storm_class(
        klass,
        jvmtype="-server",
        extrajars=cppaths,
        jvmopts=jvmopts)
```

从 Nimbus 函数中，执行的入口为 backtype.storm.daemon.Nimbus，并指定日志文件名为 Nimbus.log 和 logback 的配置文件 cluster.xml 的路径，然后用 java -server 的方式启动 Nimbus。Nimbus 是用 Clojure 来编写的，在发布的时候，编译成.class 文件，然后运行在 Java 虚拟机（JVM）上。在 storm-core/src/clj/backtype/storm/daemon/Nimbus.clj 的行尾，定义了入口 main 函数：

```
(defn -main []
  (-launch (standalone-Nimbus)))
```

从 main 开始，Nimbus 的逻辑就展示在面前了，如图 4-1 所示。

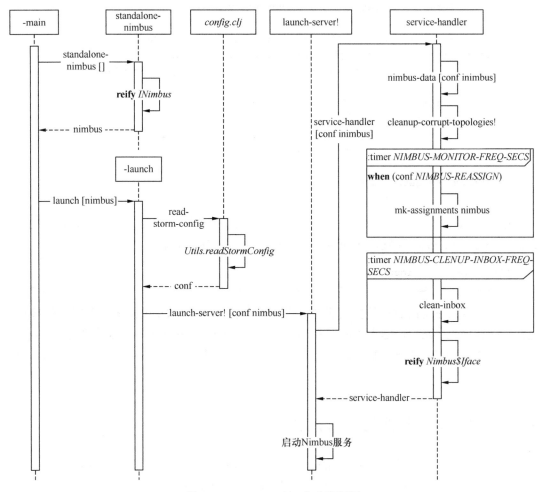

图 4-1 Storm Nimbus 启动流程图

在 standalone-Nimbus 中，实现了 INimbus 接口（backtype.storm.scheduler.INimbus）：

```
public interface INimbus {
    void prepare(Map stormConf, String schedulerLocalDir);
    /**
     * Returns all slots that are available for the next round of scheduling.
     * A slot is available for scheduling if it is free and can be assigned to,
     * or if it is used and can be reassigned.
     */
    Collection<WorkerSlot> allSlotsAvailableForScheduling(
        Collection<SupervisorDetails> existingSupervisors,
```

```
            Topologies topologies,
        Set<String> topologiesMissingAssignments);

    // this is called after the assignment is changed in ZK
    void assignSlots(Topologies topologies, Map<String,
                    Collection<WorkerSlot>> newSlotsByTopologyId);

    // map from node id to Supervisor details
    String getHostName(Map<String,
                    SupervisorDetails> existingSupervisors,
                    String nodeId);

    IScheduler getForcedScheduler();
}
```

在 `-launch` 中，Nimbus 为 standalone-Nimbus，并通过 `config.clj` 读取 `defaults.yaml` 和 `storm.yaml` 配置，传递给 `launch-server!` 来执行。

```
(defn -launch [Nimbus]
    (launch-server! (read-storm-config) Nimbus)) ;;read-storm-config config.clj
```

`launch-server!` 首先校验集群是否为分布式模式，传入 Thrift 服务器所需要的参数，包括 `workerThreads` 的线程数量、端口（在 `storm.yaml` 中配置）等，然后通过 `service-handler` 方法来启动 Thrift 服务器，最终启动 Nimbus 服务器用于接收 Nimbu 客户端的 RPC 请求。

4.2.2 Nimbus 服务的执行过程

启动 Nimbus 服务后，响应 Nimbus 客户端的 RPC 请求入口是 `service-handler` 方法。对 `service-handler` 方法的处理过程，可以分为如下的基本步骤。

1. 绑定 Nimbus 对象

在 `service-handler` 中，首先将 Nimbus 所需要的数据绑定到一个 Nimbus 实例对象上 `(let [Nimbus (Nimbus-data conf iNimbus)]`，用于存放 Nimbus 相关配置和全局的参数。查看 `Nimbus-data` 函数：

```
(defn Nimbus-data [conf iNimbus]
    (let [forced-scheduler (.getForcedScheduler iNimbus)];; ForcedScheduler 优先级高于 scheduler
        {:conf conf;;所有配置参数
         :iNimbus iNimbus;;
         :submitted-count (atom 0);;Topology 的提交次数，从 0 开始，非持久化，重启清 0
```

```
:storm-cluster-state (cluster/mk-storm-cluster-state conf);; ZooKeeper 接口,存放
                                                          ;; cluster-state 信息
:submit-lock (Object.);;提交 Topology 的锁,每个 Topology 之间互斥
:heartbeats-cache (atom {});;每个 Topology 的心跳的缓存
:downloaders (file-cache-map conf)
:uploaders (file-cache-map conf)
:uptime (uptime-computer);;Nimbus 的启动时间
:validator (new-instance (conf NIMBUS-TOPOLOGY-VALIDATOR))
:timer (mk-timer :kill-fn (fn [t]
                            (log-error t "Error when processing event")
                            (halt-process! 20 "Error when processing an event")
                            ))
:scheduler (mk-scheduler conf iNimbus);;调度器
})))
```

2. 清理 Topology 信息

下面的命令找出在 ZooKeeper 中存在而在 Nimbus 节点本地目录中不存在的 Topology，把不存在的 Topology 全部清理掉，执行的具体方法是 `cleanup-corrupt-topologies!`，方法入口如下：

```
(cleanup-corrupt-topologies! Nimbus)
```

3. 定义 mk-assignments 的定时器

在 `service-handler` 中，定义以 `NIMBUS-MONITOR-FREQ-SECS` 频率触发 `mk-assignments` 的定时器，具体频率值是 `storm.yaml` 配置中的 `nimbus.monitor.freq.secs` 来指定。

4. 定义 clean-inbox 的定时器

定时 `NIMBUS-CLEANUP-INBOX-FREQ-SECS` 触发，判断 Nimbus 节点的 `inbox` 目录中超过 `NIMBUS-INBOX-JAR-EXPIRATION-SECS` 时间的 Topology 的文件信息，超时则清理相关的 Topology。其中，`NIMBUS-CLEANUP-INBOX-FREQ-SECS` 的值由 `storm.yaml` 中的 `nimbus.cleanup.inbox.freq.secs` 配置项决定，默认值为 600 秒，而 `NIMBUS-INBOX-JAR-EXPIRATION-SECS` 的值则由 `nimbus.inbox.jar.expiration.secs` 值决定，默认值为 3600 秒。

5. 实现 Nimbus$Iface 接口

处理 Nimbus 客户端传来的 RPC 调用，关键就是 `Nimbus$Iface` 的实现，`Iface` 接口的定义如下：

```java
public interface Iface {

    public void submitTopology(String name, String uploadedJarLocation, String jsonConf,
        StormTopology Topology) throws AlreadyAliveException, InvalidTopologyException,
        TopologyAssignException, org.apache.thrift7.TException;

    public void submitTopologyWithOpts(String name, String uploadedJarLocation,
        String jsonConf, StormTopology Topology, SubmitOptions options)
        throws AlreadyAliveException, InvalidTopologyException, TopologyAssignException,
        org.apache.thrift7.TException;

    public void killTopology(String name) throws NotAliveException,
        org.apache.thrift7.TException;

    public void killTopologyWithOpts(String name, KillOptions options)
        throws NotAliveException, org.apache.thrift7.TException;

    public void activate(String name) throws NotAliveException,
        org.apache.thrift7.TException;

    public void deactivate(String name) throws NotAliveException,
        org.apache.thrift7.TException;

    public void rebalance(String name, RebalanceOptions options)
        throws NotAliveException, InvalidTopologyException,
        org.apache.thrift7.TException;

    public void beginLibUpload(String libName) throws org.apache.thrift7.TException;

    public String beginFileUpload() throws org.apache.thrift7.TException;

    public void uploadChunk(String location, ByteBuffer chunk)
        throws org.apache.thrift7.TException;

    public void finishFileUpload(String location) throws org.apache.thrift7.TException;

    public String beginFileDownload(String file) throws org.apache.thrift7.TException;

    public ByteBuffer downloadChunk(String id) throws org.apache.thrift7.TException;

    public String getNimbusConf() throws org.apache.thrift7.TException;

    public ClusterSummary getClusterInfo() throws org.apache.thrift7.TException;

    public TopologyInfo getTopologyInfo(String id) throws NotAliveException, org.apache.thrift7.TException;
```

```
    public SupervisorWorkers getSupervisorWorkers(String host)
        throws NotAliveException,   org.apache.thrift7.TException;

    public String getTopologyConf(String id) throws NotAliveException,
        org.apache.thrift7.TException;

    public StormTopology getTopology(String id) throws NotAliveException,
        org.apache.thrift7.TException;

    public StormTopology getUserTopology(String id) throws NotAliveException,
        org.apache.thrift7.TException;

}
```

在这里，我们主要关心 `submitTopologyWithOpts` 的实现，接受以下 5 个参数。

（1）^`String storm-name`：Storm 名字。

（2）^`String uploadedJarLocation`：用于暂时存放 Topology 的 JAR 文件的目录。

（3）^`String serializedConf`：序列化过的配置信息。

（4）^`StormTopology Topology`：由 TopologyBuilder 的 createTopology 方法产生的 StormTopology Thrift 对象。

（5）^`SubmitOptions submitOptions`：可以设置 `TopologyInitialStatus` 为 `ACTIVE` 或者 `INACTIVE`，也就是提交完毕后，Topology 是否激活。

`submitTopology` 的实现则是将 `submitTopologyWithOpts` 的 `submitOptions` 的 `set_initial_status` 设置为 `TopologyInitialStatus.ACTIVE`，submitTopology 的逻辑如图 4-2 所示。

```
(^void submitTopologyWithOpts
        [this ^String storm-name ^String uploadedJarLocation ^String serializedConf
^StormTopology Topology
         ^SubmitOptions submitOptions]
```

下面详细描述一下加锁（locking）操作的部分。

（1）`setup-storm-code` 建立 Topology 的本地目录。

先创建目录，并将 Topology 的 JAR 移动到当前目录，再将 `normalize-Topology` 中产生 Topology 的静态信息（包含 Topology 中各种组件的详细信息和之间的拓扑关系），由于内容比较多，都存储在磁盘上的 `stormcode.ser` 文件中，conf 对象都序列化保存到 `stormconf.ser` 中。

```
(setup-storm-code conf storm-id uploadedJarLocation storm-conf Topology)
```

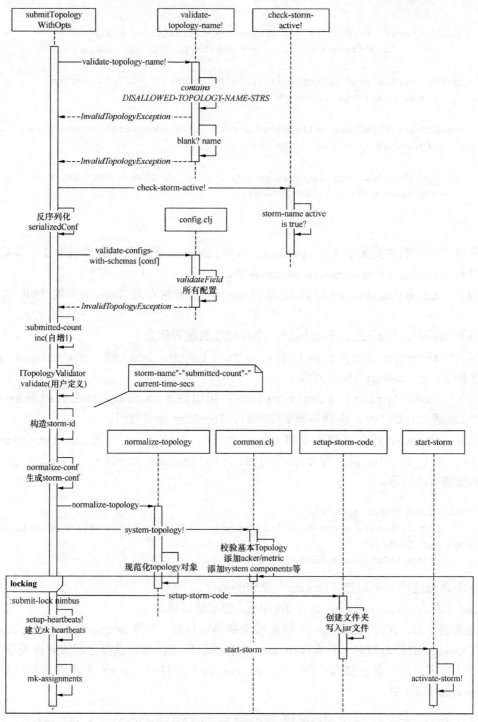

图 4-2 Storm Topology 提交流程图

用 tree 命令展示 Nimbus 节点上的$STORM_DATA 的各个目录如图 4-3 所示。

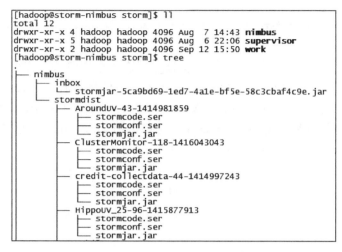

图 4-3 Nimbus 本地目录结构

其中 inbox 目录是 Nimbus 客户端上传 JAR 临时存放的目录，生成的命名规范为 stormjar-{uuid}.jar 的形式。stormdist 目录是目前正在运行的所有 Topology 的信息，第一级目录是{Topology-id}，如 AroundUV-43-1414981859，在 Topology-id 的下一级目录是包括 3 个文件：stormjar.jar 为 Topology 代码的 JAR，stormcode.ser 为 Topology 的序列化文件，stormconf.ser 为 Topology 的配置信息。

（2）setup-heartbeats!建立 ZooKeeper 的心跳。

```
(setup-heartbeats! [this storm-id]
    (mkdirs cluster-state (workerbeat-storm-root storm-id)))
```

心跳信息建立完成后，会在 ZooKeeper 的相应目录创建对应的心跳文件，具体如图 4-4 所示。

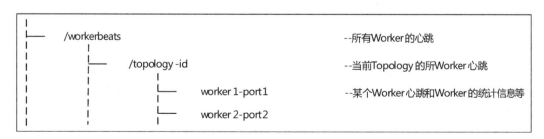

图 4-4 Storm 节点心跳信息目录结构

（3）start-storm 生成 StormBase，序列化后存储到 ZooKeeper 上。
start-storm 先生成 StormBase 对象，在 common.clj 中定义了 StormBase。

```
;; component->executors is a map from spout/bolt id to number of executors for that
component
    (defrecord StormBase [storm-name launch-time-secs status num-workers component->
executors])
```

normalize-Topology 中产生的 Topology 静态信息比较大，放在了 Nimbus 节点的磁盘上。而 StormBase 只保存了较小的 Topology 动态信息，记录了 Topology 的名称、启动时间、状态（Activie/InActive）、Worker 数和 Topology 中各个组件的 Executor 数等运行态数据，这些信息都存在 ZooKeeper 上。最终调用 ZooKeeper 的操作接口，将数据写入在如图 4-5 的 /storms/topology-id 目录下。

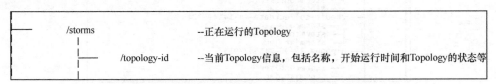

图 4-5　运行中的 Topology 状态信息目录结构

完成 ZooKeeper 上 Topology 信息的注册之后，就执行 mk-assignments 把各个 Executor 分配到对应的节点和端口。

4.2.3　分配 Executor

mk-assignments 主要功能就是产生 Executor 与节点+端口的对应关系，将 Executor 分配到哪个节点的哪个端口上。一个端口同时也可以当成一个 Slot，一个 Slot 可以运行一个 Worker 进程，一个 Worker 包含一个或者多个 Executor 线程。具体 Supervisor 节点上有哪些端口在 storm.yaml 中配置。mk-assignments 的主要过程为可以描述如下。

（1）获取当前的 assignment 得到 Map<executor, node+port>（Executor 与节点+端口）的映射关系，默认为空。

（2）过滤掉 Executor 在 ZooKeeper 中超时的 Slot（节点+端口）节点，认为这些 Slot 可能存在问题。

（3）找出 Cluster 集群中待分配 Executor 的 Slot，并计算每个 Slot 需要分配的 Executor 数量。

（4）原先已经分配好的 Slot，并且满足当前 Executor 分配，则维持不变；其他的 Slot 则重新分配。

在这个过程中，如果某个 Slot 不存在 Executor 的超时，而 Supervisor 的 ZooKeeper 心跳超时，认为当前 Slot 依然有效，可以分配任务。最坏的情况就是这些分配过去的 Executor 会超时，在下一轮的分配过程中，则不会分配了。

整个 mk-assignments 详细的过程如图 4-6 所示。

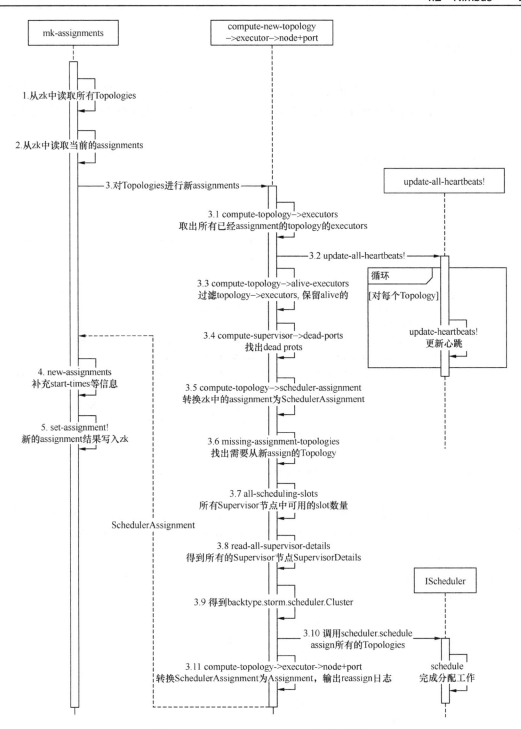

图 4-6 mk-assignments 执行流程图

4.2.4 调度器

在 `mk-assignments` 中调用了 `backtype.storm.scheduler.IScheduler` 接口中的 `schedule` 方法来完成 Topology 的最终分配。IScheduler 定义了两个方法，即 `prepare` 和 `schedule`。

```
public interface IScheduler {

    void prepare(Map conf);

    /**
     * Set assignments for the topologies which needs scheduling. The new assignments
     * is available through <code>cluster.getAssignments()</code>
     *
     *@param topologies all the topologies in the cluster, some of them need
     *       schedule. Topologies object here only contain static information about
     *       topologies.
     *       Information like assignments, slots are all in the <code>cluster</code>object.
     *@param cluster the cluster these topologies are running in. <code>cluster</code>
     *       contains everything user need to develop a new scheduling logic. e.g. Supervisors
     *       information, available slots, current assignments for all the topologies etc.
     *       User can set the new assignment for topologies using
     *       <code>cluster.setAssignmentById</code>
     */
    void schedule(Topologies topologies, Cluster cluster);
}
```

shedule 方法的功能在注释中已经明确说明，`topologies` 包含所有 Topology 的静态信息，而 `cluster` 中包含了 Topology 的运行态信息，根据 `topologies` 和 `cluster` 中的信息，就可以进行真正的调度分配。

`Nimbus.clj` 的 `mk-assignments` 具体调用的哪个 Scheduler 实例，可以参考 `mk-scheduler` 函数。

```
(defn mk-scheduler [conf iNimbus]
  (let [forced-scheduler (.getForcedScheduler iNimbus)
        scheduler (cond  forced-scheduler
                    (do (log-message "Using forced scheduler from INimbus "
                          (class forced-scheduler)) forced-scheduler)

                    (conf STORM-SCHEDULER)
                    (do (log-message "Using custom scheduler: " (conf STORM-SCHEDULER))
```

```
                  (-> (conf STORM-SCHEDULER) new-instance))
            :else
            (do (log-message "Using default scheduler")
                (DefaultScheduler.)))]
    (.prepare scheduler conf)
    scheduler
    ))
```

从 mk-scheduler 函数中可以看出，如果 Nimbus 中实现了 backtype.storm.scheduler.INimbus 接口的 getForcedScheduler()，并返回非 null 的 IScheduler，则返回该 IScheduler 实例。如果用户实现了自定义的 IScheduler，并且在 storm.yaml 中配置，则返回用户定义的 IScheduler。以上皆无，则返回默认的 DefaultScheduler。在 DefaultScheduler 中，schedule 方法直接调用了 default-schedule，因此我们主要关心 default-schedule 的实现。

4.2.5 默认调度器 DefaultScheduler

DefaultScheduler 是 Storm 的默认任务调度器，如果用户没有指定自己的调度器，那么 Storm 本身就会使用该调度器进行 Topology 的调度分配，DefaultScheduler 实现了 IScheduler 接口。

```
(ns backtype.storm.scheduler.DefaultScheduler
  (:use [backtype.storm util config])
  (:require [backtype.storm.scheduler.EvenScheduler :as EvenScheduler])
  (:import [backtype.storm.scheduler IScheduler Topologies
            Cluster TopologyDetails WorkerSlot SchedulerAssignment
            EvenScheduler ExecutorDetails])
  (:gen-class
:implements [backtype.storm.scheduler.IScheduler]))

(defn -prepare [this conf]
  )
(defn -schedule [this ^Topologies topologies ^Cluster cluster]
  (default-schedule topologies cluster))
```

DefaultScheduler 进行调度的过程如图 4-7 所示。

在 default-schedule 方法中，主要是计算当前集群中可以提供分配的 Slot 资源，并判断当前已经分配给运行 Topology 的 Slot 是否需要重新分配，然后利用这些信息，对新提交的 Topology 进行资源分配。执行主要步骤如下。

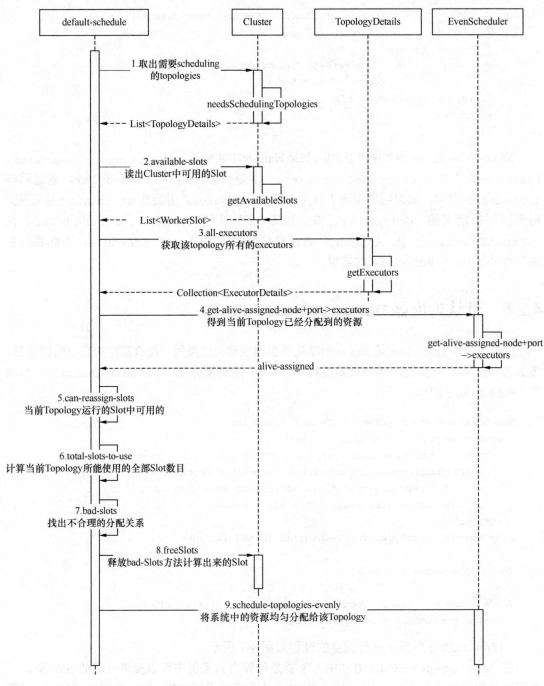

图 4-7 DefaultScheduler 调度流程图

（1）调用 `Cluster.needsSchedulingTopologies(Topologies topologies)` 方

法获取需要调度的 Topology 的集合。需要调度的 Topology 分为以下两种情况。
- Topology 已经被分配过,但是得到的 Slot 数量少于所需要的 Slot 数量,可能由于集群资源不够或者是某些 Slot 出了问题。
- Topology 中存在未分配的 Executor。

```
public boolean needsScheduling(TopologyDetails topology) {
    int desiredNumWorkers = topology.getNumWorkers();
    int assignedNumWorkers = this.getAssignedNumWorkers(topology);

    if (desiredNumWorkers > assignedNumWorkers) {
        return true;
    }

    return this.getUnassignedExecutors(topology).size() > 0;
}
```

(2) 对于每个需要分配的 Topology,调用 Cluster 的 getAvailableSlots()方法,遍历每个 Supervisor 的 TopologyDetails 对象中可用 Slot,得到整个集群的可用 Slot 列表(实际为 WorkerSlot 对象列表,包括了 nodeId 和 port 两个成员),即[nodeId, port]的列表。

(3) 调用 TopologyDetails 对象中 getExecutors 方法取出该 Topology 的所有 Executor 列表,返回为 ExecutorDetails 对象列表。每个 ExecutorDetails 包含 startTask 和 endTask 两个成员,也就是构成了[startTask, endTask]列表。

(4) 调用 EvenScheduler 的 get-alive-assigened-node-port->executors 方法,计算当前 Topology 已经分配到的资源,将返回的<[node, port], executor>放到 alive-assigned 中。

(5) 找出当前 Topology 运行的 Slot 中哪些是可用的(slots-can-reassign)。对 alive-assingend 的 Slot 信息进行判断,选择其中可以被重新分配的 Slot 集合并保存到 slots-can-reassign 中。重新分配的条件是节点不在集群的黑名单中,如果不在,则继续判断 Slot 是否在节点对应的 Supervisor 的所有可用端口中,确保这个 Slot 是可用的。

(6) 计算当前 Topology 可以使用的所有的 Slot 的数目,以 Topology 的 NumWorkers 和 available-slots 数目加上 can-reassign-slots 的数目中最小的一个作为 total-slots-to-use。

(7) 如果 total-slots-to-use 的数目大于当前已经分配的 Slot 数目,则调用 bad-slots 方法计算所有可被释放的 Slot。在 bad-slots 方法中,主要是针对不合理 Slot 分配关系找出相应的 Slot 列表,并在下一步释放掉这些不合理的 Slot 分配。一般有两种情况:一是前一次分配时可用 Slot 不够,所以没有达到配置的数目;二是使用中某个 Slot 死了,导致存活的 Slot 减少。

（8）调用 Cluster 的 freeSlots 方法，释放前面计算出来的 bad-slots。在 SchedulerAssignmentImpl 中，把所有坏 Slot 上的 Executors 从 executorToSlot 中删除，Slot 只要没有 Executor 占用就是空闲的，就可以再被分配。

（9）调用 EvenScheduler 的 schedule-topologies-evenly 方法，将资源均衡地分配给该 Topology。下一节将详细介绍 EvenScheduler。

4.2.6　均衡调度器 EvenScheduler

EvenScheduler 同 DefaultScheduler 一样，同样实现了 IScheduler 接口，相关代码如下：

```clojure
(defn -prepare [this conf])

(defn -schedule [this ^Topologies topologies ^Cluster cluster]
  (schedule-topologies-evenly topologies cluster))
```

从代码可以看出，EvenScheduler 是通过执行 schedule-topologies-evenly 来完成相应的工作的。下面对其中的核心逻辑做一些介绍。

1. schedule-topologies-evenly

schedule-topologies-evenly 的代码如下：

```clojure
(defn schedule-topologies-evenly [^Topologies topologies ^Cluster cluster]
  (let [needs-scheduling-topologies (.needsSchedulingTopologies cluster topologies)]
    (doseq [^TopologyDetails topology needs-scheduling-topologies
            :let [topology-id (.getId topology)
                  new-assignment (schedule-topology topology cluster)
                  node+port->executors (reverse-map new-assignment)]]
      (doseq [[node+port executors] node+port->executors
              :let [^WorkerSlot slot (WorkerSlot. (first node+port) (last node+port))
                    executors (for [[start-task end-task] executors]
                                (ExecutorDetails. start-task end-task))]]
        (.assign cluster slot topology-id executors)))))
```

在 schedule-topologies-evenly 中，通过两层 doseq 的嵌套的，来完成相应的功能操作。

（1）在第 2 行中，通过调用 Cluster 的 needsSchedulingTopologies 方法，找出需要进行任务调度的 Topology 集合，其逻辑在 DefaultScheduler 中已经阐述过。

（2）第 3 行～第 6 行中，对每一个需要分配的 Topology，首先通过 getId 方法得到当前 Topology 的 topology-id，然后调用 schedule-topology 方法（将在下一小节中详细介绍）计算得到 new-assignment，也就是<executor, node+port>的集合，即每一个 Executor 会分配在哪个节点的哪个端口上。然后通过执行 reverse-map，将<executor, node+port>的集合颠倒键和值，得到 node+port->executors，也就是<node+port, executors>的集合，即节点对应的端口会分配哪些 Executor。

（3）第 7 行～第 11 行中，对 node+port->executors 中的每一项都执行如下操作。

a. 构造 WorkerSlot 对象，绑定在 Slot 上。

b. 对每一个 Executor，构造 ExecutorDetail 对象。

c. 调用 Cluster 的 assign 方法，将操作 a 中计算出来的 Slot 分配给操作 b 对应的 Executor，将新的 assignment 结果放到 SchedulerAssignmentImpl 的 executorToSlot 中。

2. schedule-topology

schedule-topology 方法和 DefaultScheduler 的 default-schedule 的有一些相似的逻辑，主要是根据当前的可用资源完成对 Topology 的任务分配。包括获得当前的可用 Slot 资源、计算当前 Topology 所能使用的全部 Slot 数目、对 Slot 重新分配和进行排序以及得到最后的分配信息等，其代码如下：

```
(defn- schedule-topology [^TopologyDetails topology ^Cluster cluster]
  (let [topology-id (.getId topology)
        available-slots (->> (.getAvailableSlots cluster)
                    (map #(vector (.getNodeId %) (.getPort %))))
        all-executors (->> topology
                    .getExecutors
                    (map #(vector (.getStartTask %) (.getEndTask %)))
                    set)
        alive-assigned (get-alive-assigned-node+port->executors cluster topology-id)
        total-slots-to-use (min (.getNumWorkers topology)
                            (+ (count available-slots) (count alive-assigned)))
        reassign-slots (take (- total-slots-to-use (count alive-assigned))
                          (sort-slots available-slots))
        reassign-executors (sort (set/difference all-executors
                              (set (apply concat (vals alive-assigned)))))
        reassignment (into {}
                      (map vector
                       reassign-executors
                       ;; for some reason it goes into infinite loop without
                       ;; limiting the repeat-seq
                       (repeat-seq (count reassign-executors) reassign-slots)))]
    (when-not (empty? reassignment)
      (log-message "Available slots: " (pr-str available-slots))
      )
    reassignment))
```

(1) 第 2 行得到当前 Topology 的 `topology-id`，对每一个 Topology 都会执行后序步骤。

(2) 第 3 行~第 4 行是调用 Cluster 的 `getAvailableSlots` 方法，得到当前可用的 Slot 资源集合，并转化为 `[nodeId, port]` 的列表。在 `DefaultScheduler` 中已经调用了一次 `getAvailableSlots` 方法，这里重新调用是因为 `DefaultScheduler` 对 `bad-slots` 执行了 `freeSlots` 操作，因此可用的 Slot 资源发生了变化，需要再次获取。

(3) 第 5 行~第 11 行中的逻辑和 `DefaultScheduler` 中对应的代码一致，也就是上一节的第 3 步~第 5 步。也是由于在 `DefaultScheduler` 中执行了 `freeSlots` 操作，相应的信息发生了变化。执行完成后，在 `all-executors` 中保存了 Topology 的所有 `[startTask, endTask]` 列表，`alive-assigned` 中为 <[node, port], executor>，`total-slots-to-use` 为当前 Topology 可以使用的 Slot 数目。

(4) 第 12 行~第 13 行中，对 `available-slots` 执行 `sort-slots`，对 Slot 进行排序，这个排序的结果对具体分配到的 Slot 有非常大的影响，下一小节会详细介绍。根据排序的结果，取出还需要分配的 Slot 列表作为 `reassign-slots`（具体数量由 `total-slots-to-use` 减去 `alive-assigned` 的数量来决定）。

(5) 根据总的 `all-executors` 和 `alive-assigned` 之间的 Executor 的差异进行排序，得到需要分配的 Executor 集合，作为 `reassign-executors`。

(6) 将 `reassign-executors` 和 `reassign-slots` 进行关联，得到<executor, [node, port]>的 Map 集合，作为 `reassignment` 返回给外层调用的方法。对于 `reassignment` 的结果，会有以下两种情况。

　a. `reassign-executors` 小于 `reassign-slots`，则只是将前 *N* 个 Slot 进行分配。例如，Executor 有 2 个，即{e1, e2}，Slot 数量有 3 个，即{slot1, slot2, slot3}，则最后的集合为{[e1, slot1], [e2, slot2]}。

　b. `reassign-executors` 大于 `reassign-slots`，则每个 Slot 上有多个 Executor，同一类型（同一个 Spout 或者 Bolt）的 Executor 会优先考虑分配在不同的 Slot 上。例如 Executor 有 5 个，即{e1, e2, e3, e4, e5}，Slot 数量有 3 个，即{slot1, slot2, slot3}，则最后的集合为{[e1, slot1], [e2, slot2], [e3, slot3], [e4, slot1], [e5, slot2]}。

3. `sort-slots`

`sort-slots` 主要是对 Slot 进行排序，根据 `supervisor-id` 进行分组，然后返回分组之后的集合。

```
(defn sort-slots [all-slots]
  (let [split-up (sort-by count > (vals (group-by first all-slots)))]
    (apply interleave-all split-up)))
```

```
; this can be rewritten to be tail recursive
(defn interleave-all
  [& colls]
  (if (empty? colls)
    []
    (let [colls (filter (complement empty?) colls)
          my-elems (map first colls)
          rest-elems (apply interleave-all (map rest colls))]
      (concat my-elems rest-elems))))
```

其中`interleave-all`方法定义在`Util.clj`中。在`interleave-all`中的`map first`会遍历`colls`集合，获取每个集合的第一个元素，然后保存到`my-elems`，并通过递归调用处理完其他的元素。

通过一个例子来说明`sort-slots`执行的过程。假设有 3 个 Supervisor 节点，分别为 n1、n2 和 n3，每个 Supervisor 节点又有 3 个端口，分别为 p1、p2 和 p3，那么`sort-slots`方法传入的`all-slots`集合为`{[n1, p1], [n1, p2], [n1, p3], [n2, p1], [n2, p2], [n2, p3], [n3, p1], [n3, p2], [n3, p3]}`，经过`interleave-all`的处理后，集合转变为`{[n1, p1], [n2, p1], [n3, p1], [n1, p2], [n2, p2], [n3, p2], [n1, p3], [n2, p3], [n3, p3]}`，并返回结果，后续进行 Executor 分配的过程就是顺序从这个集合逐一取出。

在实际的使用场景中，`sort-slots`会导致整个集群的资源分配不均衡，某些 Supervisor 上分配出去的 Slot 数量多，而有的节点上分配出去的很少甚至没有。在某一集群中，资源数量还是 3 个 Supervisor，每个 Supervisor 上有 3 个 Port。存在这样的一种分配情况，第一个 Topology 需要 4 个 Slot 资源，根据前面的描述，分配出去的资源列表为`{[n1, p1], [n2, p1], [n3, p1], [n1, p2]}`，然后提交第二个 Topology，需要 2 个 slot 资源，分配出去的资源列表将为`{[n1, p3], [n2, p2]}`，集群中剩余的资源列表为`{[n2, p3], [n3, p2], [n3, p3]}`，Supervisor1 的资源分配完毕，Supervisor2 还剩余一个 Slot，Supervisor3 上剩余 2 个，此时资源已经不均衡。再次提交一个 Topology，需要 1 个 Slot 资源，`{[n2, p3]}`就分配出去了，最终剩余`{[n3, p2], [n3, p3]}`。可以看到 Supervisor1 和 Supervisor2 上的所有资源分配完毕，Supervisor3 上还剩余 2 个 Slot 资源。这种分配方式可能使得机器的负载不均衡。要改进分配算法，对`sort-slots`的排序做一定的修改即可。

4.3 Supervisor

Supervisor 的作用是负责监听 Nimbus 的任务分配，启动分配到的 Worker 来对相应的任务进行处理。同时 Supervisor 会对本地的 Worker 进程进行监控，如果发现状态不正常会杀死 Worker 并重启，超过一定次数后将分配给该错误状态的 Worker 的任务交还给 Nimbus 再次进行分配。

4.3.1 ISupervisor 接口

在 Supervisor 的入口 main 函数是:

```
(defn -main []
  (-launch (standalone-supervisor)))
```

从 main 函数中可以看出,通过 launch 方法调用 standalone-supervisor 方法来实现 Supervisor 的启动。standalone-supervisor 方法中返回了一个实现了 ISupervisor 接口的对象。ISupervisor 的具体定义如下:

```
public interface ISupervisor {
    void prepare(Map stormConf, String schedulerLocalDir);
    // for mesos, this is {hostname}-{topologyid}
    /**
     * The id used for writing metadata into ZK.
     */
    String getSupervisorId();
    /**
     * The id used in assignments. This combined with confirmAssigned decides what
     * this supervisor is responsible for. The combination of this and getSupervisorId
     * allows Nimbus to assign to a single machine and have multiple supervisors on that
     * machine execute the assignment. This is important for achieving resource isolation.
     */
    String getAssignmentId();
    Object getMetadata();

    boolean confirmAssigned(int port);
    // calls this before actually killing the worker locally...
    // sends a "task finished" update
    void killedWorker(int port);
    void assigned(Collection<Integer> ports);
}
```

prepare 方法主要是保存当前 Supervisor 的使用配置信息, getSupervisorId 和 getAssignmentId 在 standalone-supervisor 方法中实现都一致,返回了该 Supervisor 的 ID, getMetadata 方法从配置中获取该 Supervisor 的所有可用端口信息, confirmAssigned 确认某个端口是否已经分配, killedWorker 和 assigned 目前尚未具体实现。

4.3.2 Supervisor 的共享数据

在 Supervisor 的启动过程中,通过调用 supervisor-data 方法创建了一个集合,包含了

Supervisor 的很多重要的数据结构,会被其他很多方法来作为参数传入。`supervisor-data` 方法定义如下:

```
(defn supervisor-data [conf shared-context ^ISupervisor isupervisor]
  {:conf conf
   :shared-context shared-context
   :isupervisor isupervisor
   :active (atom true)
   :uptime (uptime-computer)
   :worker-thread-pids-atom (atom {})
   :storm-cluster-state (cluster/mk-storm-cluster-state conf)
   :local-state (supervisor-state conf)
   :supervisor-id (.getSupervisorId isupervisor)
   :assignment-id (.getAssignmentId isupervisor)
   :my-hostname (hostname conf)
   :curr-assignment (atom nil) ;; used for reporting used ports when heartbeating
   :timer (mk-timer :kill-fn (fn [t]
                               (log-error t "Error when processing event")
                               (exit-process! 20 "Error when processing an event")
                               ))
   })
```

表 4-1 中详细介绍了 supervisor-data 中的数据结构。

表 4-1　Supervisor 中的数据结构以及描述

名　　称	描　　述
`:conf`	Supervisor 启动时的配置信息,从 `defaul.yaml` 和 `storm.yaml` 中读取
`:shared-context`	用来传递一些上下文参数,目前未传递任务信息(传入值为空)
`:isupervisor`	`ISupervisor` 接口的实现,通过 `standalone-supervisor` 方法得到
`:active`	当前 Supervisor 的运行状态,默认为 `true`
`:uptime`	Supervisor 到现在为止的启动时间
`:worker-thread-pids-atom`	在当前 Supervisor 中启动的所有 Worker 进程的 `pid` 的集合
`:storm-cluster-state`	同 ZooKeeper 交互,用来存储或者读取 ZooKeeper 中 Storm 集群的相关数据信息
`:local-state`	创建该 Supervisor 的 LocalState 存储对象,可以认为是 Supervisor 的一个本地缓存数据库,在内存中的数据会序列化到本地磁盘上,具体路径为 STORM_LOCAL_DIR/supervisor/localstate/。包括了本机 Supervisor 分配的 Worker、端口和 Executor 信息等。每次 Supervisor 和 Nimbus 通信都会比较 LocalState 中的分配信息和 Nimbus 写入 ZooKeeper 中的分配信息,如果发生变化,则进行相应的处理,处理完毕后更新 LocalState 信息。Supervisor 重启后,会读取 LocalState 中的相关信息,这样可以继续工作

名称	描述
`:supervisor-id`	当前 Supervisor 的 id
`:assignment-id`	目前等同于 `:supervisor-id`
`:my-hostname`	当前 Supervisor 的主机名
`:curr-assignment`	保持当前 Supervisor 已经分配出去的端口信息
`:timer`	创建的定时器线程,用于周期性执行任务

4.3.3　Supervisor 的执行过程

在 Supervisor 的启动过程中,通过执行一些关键的方法来完成整个 Supervisor 的创建和启动。这些关键方法包括了 `lauch`、`mk-supervisor`、`sync-processes`、`mk-synchronize-supervisor` 和 `launch-worker` 等,整个启动的过程如图 4-8 所示。

下面逐一对图 4-8 中的核心方法做详细的分析和解释,各节中步骤的编号与图 4-8 中序号保持一致。

1. `launch` 方法

`launch` 方法用于启动 Supervisor,主要调用了 `mk-supervisor` 方法来启动 Supervisor,相关代码如下:

```
(defn -launch [supervisor]
   (let [conf (read-storm-config)]
   (validate-distributed-mode! conf)
   (mk-supervisor conf nil supervisor)))
```

图 4-8 中 `launch` 方法对应的步骤具体说明如下。

- 步骤 1:`launch` 方法传入的 Supervisor 参数为 `standalone-supervisor` 方法实现的 `ISupervisor` 接口,在前面的章节中已经论述。
- 步骤 2:读取当前 Supervisor 启动时候所需要的配置信息。
- 步骤 3:校验当前是否为分布式模式,不是分布式模式,则抛出异常。
- 步骤 4:调用 `mk-supervisor` 方法创建并启动 Supervisor。

2. `mk-supervisor` 方法

图 4-8 中 `mk-supervisor` 方法对应的步骤具体说明如下。

- 步骤 4.1:根据 `ISupervisor.prepare` 初始化或者获取保存的 `supervisor-id`,完成第一次的启动需要初始化一个 `supervisor-id`,以后每次从 `$STORM_LOCAL_DIR/supervisor/isupervisor` 中读取。

4.3 Supervisor

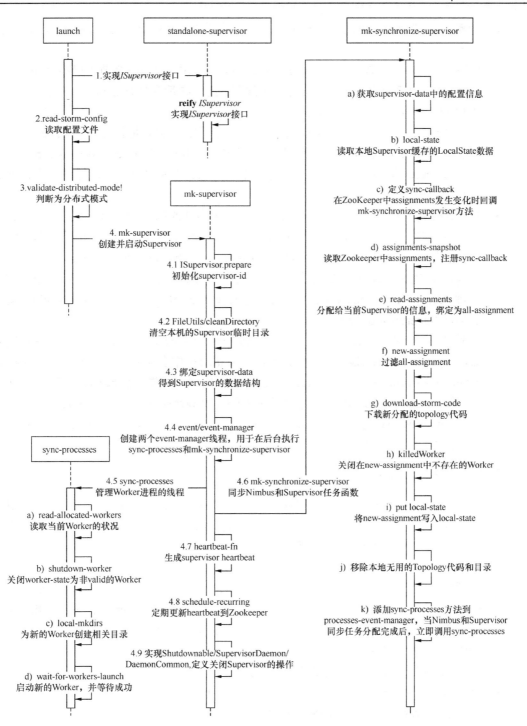

图 4-8 Supervisor 的执行过程

- 步骤 4.2：清理 `supervisor-temp-dir`，路径为 `$STORM_LOCAL_DIR/supervisor/tmp`。
- 步骤 4.3：创建并绑定 `supervisor-data`，具体内容在 4.3.2 节中已经介绍。
- 步骤 4.4：创建两个 `event-manager` 线程，用于在后台执行 `sync-processes` 方法和 `mk-synchronize-supervisor` 方法。
- 步骤 4.5：定义 `sync-processes` 方法的执行逻辑，主要是管理由该 Supervisor 启动的所有 Worker 进程，包括关闭 valid 状态为 false 的 Worker，启动 Nimbus 分配的新 Worker 等。在执行完成后，更新相关信息到 LocalState 中，详细过程在下面的小节中论述。
- 步骤 4.6：定义 `mk-synchronize-supervisor` 方法的执行逻辑，用于当 assignment 发生变化时，从 Nimbus 同步 Topology 的代码到本地；检查 Worker 的状态，保证被分配的 Worker 的状态都是有效的。详细过程在下面的小节中论述。
- 步骤 4.7：生成 Supervisor 的心跳信息，包括 `supervisor-id`、`SupervisorInfo` 等。
- 步骤 4.8：定期将 Supervisor 的心跳信息同步到 ZooKeeper 中，这样 Nimbus 就知道当前 Supervisor 的最新状态。
- 步骤 4.9：实现 `Shutdownable`、`SupervisorDaemon` 和 `DaemonCommon` 接口的对象，定义关闭 Supervisor 的操作。`Shutdownable` 中会关闭执行 `sync-processes` 方法和 `mk-synchronize-supervisor` 方法的线程，关闭 Supervisor 和 ZooKeeper 的连接。`SupervisorDaemon` 中调用对所有的 Worker 执行 `shutdown-worker` 方法，杀掉所有的 Worker 进程。`DaemonCommon` 中定义了 `timer`，等待 `sync-processes` 方法的线程完成退出。

3. `sync-processes` 方法

  `sync-processes` 方法用于管理 Workers，首先从本地的 `LocalState` 读出 Worker 的心跳信息来判断 Worker 的状况，关闭所有状态为无效（非 valid）的 Worker。并为分配的端口，且 Worker 状态为无效的创建新的 Worker。

  图 4-8 中 `sync-processes` 方法对应的步骤具体说明如下。

- 步骤 a：调用 `read-allocated-workers` 方法读取当前 Worker 的状况，从 `LocalState` 中读出每个 Worker 的心跳，并判断当前 Worker 的状态，不被允许、没有心跳和超时的 Worker 的 `worker-state` 都不是有效的。
- 步骤 b：关闭所有状态不是有效的 Worker。
- 步骤 c：为新的 Worker 创建目录，并加到 `LocalState` 的 LS-APPROVED-WORKERS 中。
- 步骤 d：在 `wait-for-workers-launch` 方法中调用 `launch-worker` 方法，启动新的 Worker，并等待 Worker 的启动。

4. mk-synchronize-supervisor 方法

在图 4-8 中已经对 mk-synchronize-supervisor 方法的执行过程有了一个很详细的说明。在具体的执行过程中，是由 4.4 步中创建的定时线程周期地调用 mk-synchronize-supervisor 方法来同步 Nimbus 和 Supervisor 的状态信息。主要包括获取 Nimbus 的新任务，移除已经分配但不需要的旧任务，同步 LocalAssignment 信息到 LocalState 中。

5. launch-worker 方法

launch-worker 方法是完成 Worker 进程的启动。Storm 提供了 Local 模式和分布式模式，在 LocalCluster 模式下使用 Local 模式启动，而实际生产环境使用分布式模式启动。在分布式模式中，主要是构建 JVM 相关参数和 Worker 进程的相关参数，调用 launch-process 方法通过 Java 的 ProcessBuilder 来运行。分布式模式下的 launch-worker 方法代码如下：

```
(defmethod launch-worker
    :distributed [supervisor storm-id port worker-id]
    (let [conf (:conf supervisor)
          storm-home (System/getProperty "storm.home")
          storm-options (System/getProperty "storm.options")
          storm-conf-file (System/getProperty "storm.conf.file")
          storm-log-dir (or (System/getProperty "storm.log.dir")
                            (str storm-home file-path-separator "logs"))
          stormroot (supervisor-stormdist-root conf storm-id)
          jlp (jlp stormroot conf)
          stormjar (supervisor-stormjar-path stormroot)
          storm-conf (read-supervisor-storm-conf conf storm-id)
          topo-classpath (if-let [cp (storm-conf TOPOLOGY-CLASSPATH)]
                            [cp]
                            [])
          classpath (-> (current-classpath)
                        (add-to-classpath [stormjar])
                        (add-to-classpath topo-classpath))
          worker-childopts (when-let [s (conf WORKER-CHILDOPTS)]
                            (substitute-childopts s worker-id storm-id port))
          topo-worker-childopts (when-let [s (storm-conf TOPOLOGY-WORKER-CHILDOPTS)]
                            (substitute-childopts s worker-id storm-id port))
          topology-worker-environment (if-let [env (storm-conf TOPOLOGY-ENVIRONMENT)]
                                        (merge env {"LD_LIBRARY_PATH" jlp})
                                        {"LD_LIBRARY_PATH" jlp})
          logfilename (str "worker-" port ".log")
          command (concat
                    [(java-cmd) "-server"]
                    worker-childopts
```

```
                topo-worker-childopts
                [(str "-Djava.library.path=" jlp)
                 (str "-Dlogfile.name=" logfilename)
                 (str "-Dstorm.home=" storm-home)
                 (str "-Dstorm.conf.file=" storm-conf-file)
                 (str "-Dstorm.options=" storm-options)
                 (str "-Dstorm.log.dir=" storm-log-dir)
                 (str "-Dlogback.configurationFile=" storm-home
                      file-path-separator "logback" file-path-separator "cluster.xml")
                 (str "-Dstorm.id=" storm-id)
                 (str "-Dworker.id=" worker-id)
                 (str "-Dworker.port=" port)
                 "-cp" classpath
                 "backtype.storm.daemon.worker"
                 storm-id
                 (:assignment-id supervisor)
                 port
                 worker-id])
        command (->> command (map str) (filter (complement empty?)))
        shell-cmd (->> command
                       (map #(str \' (clojure.string/escape % {\' "\\'"}) \'))
                       (clojure.string/join " "))]
    (log-message "Launching worker with command: " shell-cmd)
    (launch-process command :environment topology-worker-environment)
    ))
```

launch-worker 有 4 个参数，supervisor 为 supervisor-data，storm-id 为同该 Worker 对应的 topology-id，port 为该 Worker 的使用端口，worker-id 为该 Worker 的 ID，全局唯一。通过 concat 命令，将需要传递给 Java 命令的参数都拼装起来，绑定到 command 对象上，最后 launch-process 方法完成实际进程的启动。

在 launch-worker 方法中，我们可以定制自己的参数来完成一些监控和功能性扩展。比如，添加 JMX 监控、启用 CGroup 支持等，都可以通过修改 command 上的命令来完成。比如想使用 CGroup 来控制 Worker 的资源使用量，可以在 command 后面加上两行代码，启动的 Java 命令由 cgexec 来完成，这样 Worker 的所有线程都由 CGroup 来控制（当然完整的控制还需要在操作系统上进行配置），代码如下：

```
command (concat
          ["/bin/cgexec" "-g" (str "cpu,memory:storm/" port)]
          [(java-cmd) "-server"]
```

这个命令的含义为，使用 bin/cgexec -g 来启动 java-cmd，并指定采用了 CGroup 中的 cpu 和 memory 两项控制策略，具体策略定义在 storm 组下，也就是在 /cgroup/cpu/storm/port 和 /cgroup/memory/storm/port 中定义。以这样方式启动，就可以使用 CGroup 来控制 Worker 对 CPU 和内存的消耗。CGroup 相关的具体解释可以参考 https://www.kernel.org/doc/Documentation/cgroups/cgroups.txt。CGroup 同 Storm 整合更详细的内容参见 6.2 节。

4.4 Worker

Nimbus 和 Supervisor 主要是完成调度，任务分配和管理 Worker 的状态，Worker 要做所有具体工作，完成 Topology 中定义的业务逻辑，是实际执行 Topology 的进程。一个 Worker 会执行如下几步基本的操作。

（1）根据 ZooKeeper 中 Topology 的组件分配（assignment）变化，创建或者移除 Worker 到 Worker 的链接。

（2）创建 Executor 的输入队列 `receive-queue-map` 和输出队列 `transfer-queue`。

（3）创建 Worker 的接收线程 `receive-thread` 和发送线程 `transfer-thread`。

（4）根据组件分配关系创建 Executor。

（5）在 Executors 中执行具体的 Task（Spout 或者 Bolt）来执行具体的业务逻辑。

4.4.1 Worker 中的数据流

在 Worker 中，线程间通信使用的是 Disruptor，而进程间通信也就是 Worker 和 Worker 之间的通信使用的是 `IConext` 接口的具体实现，有可能是 Netty 也可以是 ZMQ，默认使用 Netty。Worker 中的数据流参见图 4-9。

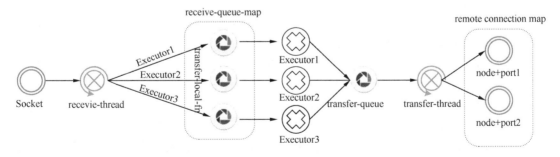

图 4-9　Worker 的数据流图

每个 Worker 会绑定一个 Socket 端口作为数据的输入，此端口是作为 Socket 的服务器端一直监听运行。根据 Topology 中的拓扑关系，确定需要向外通信的 Task 所在的 Worker 的地址，并同该 Worker 也创建好 Socket 连接，此时该 Worker 是作为 Socket 的客户端。

Receive Thread 调用 `transfer-local-fn` 方法负责将每个 Executor 所需要的数据放

入对应的 `receive-queue-map` 中，然后由 Executor 来获取自己所需要的数据，这一过程通过 Disruptor 进行通信。Executor 执行完操作需要对外发送数据时，首先 `KryoTupleSerializer` 将数据序列化，然后通过 Disruptor 将数据放入对外 `transfer-queue` 中，最后由 `transfer-thread` 完成数据的发送工作。如果 Executor 需要对外发送的数据的接受方和 Executor 在同一个 Worker 节点上，则不需要执行序列化操作，调用 `disruptor` 的 `publish` 方法直接放到接收方的 Executor 对应的队列中即可。

4.4.2 创建 Worker 的过程

`mk-worker` 函数用于创建 Worker 进程，其主要工作包括启动相应的计数器、创建 Worker 对应的 Executor 以及各种发送和接收消息进程。图 4-10 详细描述了 Worker 启动的过程。Supervisor 通过传入 `storm-id`、`assignment-id`、`port-str` 和 `worker-id` 等 4 个参数来启动 Worker。

下面对图 4-10 中的过程做具体的分析。

（1）步骤 1：mk-worker 的第 1 步就是生产 `worker-data`，`worker-data` 可以认为是一个 Map 结构。键是函数名，值是对应需求的执行对具体业务逻辑，主要的键对应的操作如下。

- 步骤 1.1：`executors`，调用 `read-worker-executors` 从 ZooKeeper 中的 `assignments` 中找出分配给这个 Worker 的 Executor，另外加上一个 `SYSTEM_EXECUTOR`。
- 步骤 1.2：`transfer-queue`，基于 Disruptor 创建 Worker 用于接收和发送消息的 `transfer-queue`。
- 步骤 1.3：`executor-receive-queue-map`，调用 `mk-receive-queue-map`，对于每个 Executor 创建 `receive-queue`，并生成 {executor, queue} 的 Map 返回。
- 步骤 1.4：`receive-queue-map`，转换 `executor-receive-queue-map`，相同 Executor 的 Task 公用一个 Queue，返回 {task, queue} 的 `receive-queue-map`。
- 步骤 1.5：Topology，读取 Supervisor 机器上存储的 `stormcode.ser`，绑定到 Topology 对象上。
- 步骤 1.6：`recursive-map`，生成 `recursive-map`。其键为自定义，值为某一个或者多个方法的执行结果。主要需要执行的生成 `recursive-map` 的值的方法包括以下几种。
    - 步骤 a：`:mq-context`。通过调用 `TransportFactory.makeContext` 读取 Storm 配置的 `Config.STORM_MESSAGING_TRANSPORT`，得到 `IContext` 对象，默认为 `backtype.storm.messaging.netty.Context`，绑定到 mq-context 上。

4.4 Worker

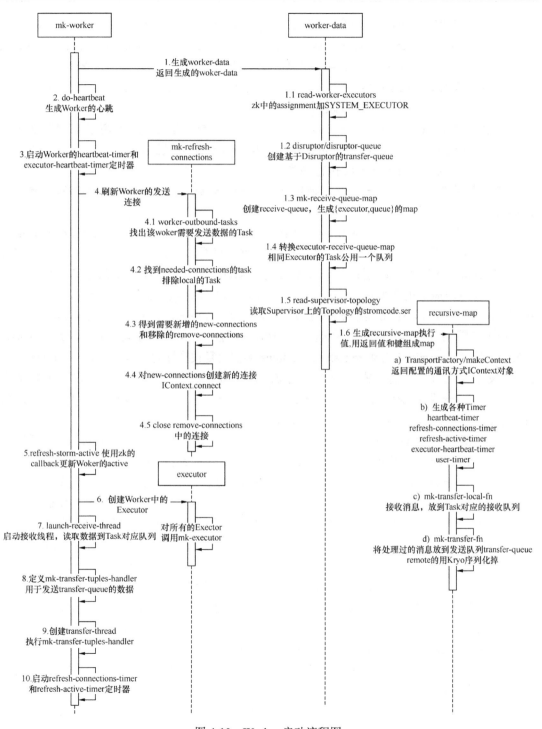

图 4-10 Worker 启动流程图

- 步骤 b：生成各种定时触发的 `TimerThread`，包括：`heartbeat-timer`、`:refresh-connections-timer`、`:refresh-active-timer`、`:executor-heartbeat-timer`、`:user-timer`。具体都是调用 `mk-halting-timer` 来完成。
- 步骤 c：`:transfer-local-fn`，调用 `mk-transfer-local-fn` 接受 `message`，放到 `Task` 对应的接收队列。
- 步骤 d：`:transfer-fn`，`mk-transfer-fn` 将处理过的消息放到发送队列 `transfer-queue`，需要进行 Worker 间传输的远程消息用 `KryoTupleSerializer` 的 `serializer` 方法执行序列化。

(2) 步骤 2：`heartbeat-fn`，调用 `do-heartbeat`，将 Worker 的心跳写到本地的 `localState` 数据库中。

(3) 步骤 3：启动 Worker 的 `heartbeat-timer` 和 Executor 的 `executor-heartbeat-timer`。执行步骤 2 中的操作，将 Worker 的心跳信息写入本地，将 Executor 的心跳信息同步到 ZooKeeper 中，以便让 Nimbus 知道 Executor 已经分配到了某个 Worker 上。`heartbeat-timer` 的频率由 `storm.yaml` 中的 `worker.heartbeat.frequency.secs` 决定，`executor-heartbeat-timer` 则由 `task.heartbeat.frequency.secs` 决定。

(4) 步骤 4：`refresh-connections`，调用 `mk-refresh-connections`，更新 Worker 的发送连接（connection）。`mk-refresh-connections` 需要反复被执行的，即当每次 `assignment-info` 发生变化时，就需要刷新一次，由 ZooKeeper 的回调触发机制来实现。也就是说当 assignment 发生变化时，就会向 `refresh-connections-timer` 中发送一个立即执行的事件。`refresh-connections` 的步骤如下。

- 步骤 4.1：执行 `worker-outbound-tasks`，找出当前 Work 中的 Task 所属于 Component，并找出该 Component 需要发送消息的目标 Component，最终找出目标 Component 所对应的所有 Task 作为返回并绑定到 `outbound-tasks` 对象上。
- 步骤 4.1：找到 `needed-connections` 的 Task，排除掉本地的 Task。如果 `outbound-tasks` 在同一个 Worker 进程中，不需要建连接，所以排除掉。
- 步骤 4.3：和当前已经创建并缓存的 connection 集合对比一下，找出新增的 `new-connections` 和需要删除的 `remove-connections`。`assignment-info` 发生变化时，可能某个 Task 已经被分配或者杀掉了，所以已有的链接可能就要删除。
- 步骤 4.4：对 `new-connections` 创建新的链接调用 `IContext.connect`，其中 `IContext` 对象是在步骤 1.6 中的步骤 a 中生成的，并加入了 Worker 的链接：`cached-node+port->socket` 缓存中。
- 步骤 4.5：对 `remove-connections` 中的链接，调用 `close` 方法关闭，并从链接缓存中移除。

(5) `refresh-storm-active` 同 ZooKeeper 建立 Topology 状态（Active/InActive）的 CallBack，当状态变化时，更新 Worker 的 `storm-active-atom` 属性。

（6）遍历创建 Worker 中的所有 Executor 列表，通过调用 `executor/mk-executor` 来创建用于执行具体的 Task。具体参见 4.5 节。

（7）`receive-thread-shutdown`：`launch-receive-thread` 将从 socket 端口中收到的数据不停地放到 Task 对应的接收队列中。

（8）`transfer-tuples`：定义 `mk-transfer-tuples-handler`，将收到的分组（packet）不停地放到管道（drainer）中，达到批量上限的时候，将管道里面的分组发送到对应 Task 的连接，然后清除管道中的所有消息。

（9）`transfer-thread`：调用 Disruptor 中的 `consume-loop*`，生成 `transfer-thread`，循环执行 `mk-transfer-tuples-handler` 函数，实现真正的数据发送工作。在 `storm.yaml` 中，可以配置 `topology.disruptor.wait.strategy`，也就是说 `mk-transfer-tuples-handler` 收到没用分组的时候，执行什么策略，默认为 `com.lmax.disruptor.BlockingWaitStrategy`，即使用锁来阻塞和等待新分组到来。更多的策略可以参考 https://github.com/LMAX-Exchange/disruptor/wiki/Getting-Started 中的 Alternative Wait Strategies。

（10）启动：`refresh-connections-timer` 定时器，通过 `schedule-recurring` 周期调用 `mk-refresh-connections` 实现。启动 `refresh-active-timer` 定时器，通过 `schedule-recurring` 周期调用 `refresh-storm-active` 实现。调用周期由 Storm 配置文件中的 `task.heartbeat.frequency.secs` 指定。

此外，在步骤 9 和步骤 10 之间还定义了 Worker 在关闭过程中需要执行的逻辑，包括关闭：`cached-node+port->socket` 缓存中的链接；关闭所有的 Executor；`:transfer-queue` 执行 `disruptor/halt-with-interrupt!`；所有的 `transfer-thread` 执行 `interrupt` 方法；清除 Worker 的心跳信息等。

4.5 Executor

在 Worker 中，通过 `executor/mk-executor` 创建每个 Executor。Executor 是 Worker 中执行具体工作的单元，每个 Executor 对应了一个执行线程。一个 Worker 中可以有一个或者多个 Executor，而一个 Executor 又可以含有多个 Task。一个组件 Component（Spout 或者 Bolt）包含的 Executor 数量是由在提交 Topology 时设置的并行度（`parallelism_hint`）决定，并行度决定了该 Component 由多少个线程来执行。每个 Component 还可以通过调用 `setNumTasks` 方法来设定里面包含的 Task 数量。Executor 的数量小于等于 Task 的数量。Storm 的调度器会根据一个 Component 的 Task 数量和 Executor 数量来计算哪些 Task 会分配到哪些 Executor 上。如果没有设置 Task 的数量，默认 Task 数量就等于 Executor 的数量，即每个 Executor 上只有一个 Task。

4.5.1 Executor 的创建

在 `executor.clj` 中，通过 `mk-executor` 方法创建 Executor，具体逻辑如图 4-11 所示。

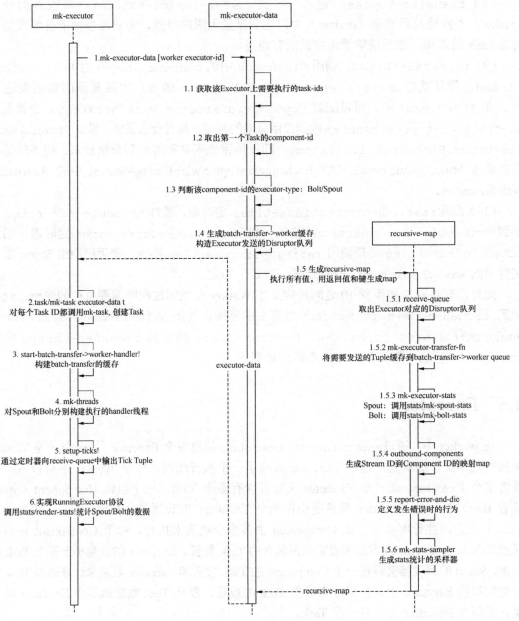

图 4-11 Executor 创建流程图

在 `mk-executor [worker executor-id]` 方法中的具体执行逻辑描述如下。

（1）步骤 1：`let [executor-data (mk-executor-data worker executor-id)` 调用 `mk-executor-data`，并将返回值绑定到 `executor-data` 上。`defn mk-executor-data [worker executor-id]` 中主要包括以下工作。

- 步骤 1.1：获取该 Executor 上需要执行的 `task-ids`。
- 步骤 1.2：取出 `task-ids` 中第一个 Task 的 `component-id`。
- 步骤 1.3：判断该组件 ID 的 `executor-type`，确定是 Bolt 还是 Spout，绑定到 `executor-data` 的 `:type` 上。
- 步骤 1.4：生成 `batch-transfer->worker` 缓存，构造 Executor 发送的 Disruptor 队列，并绑定到 `batch-transfer->worker`。队列的名称为 `"executor"` + `executor-id` + `"-send-queue"`。Executor 会把需要发送的 Tuple 缓存到 `batch-transfer->worker` 队列中。
- 步骤 1.5：生成 `recursive-map`，执行所有值，用返回值和键生成 Map。在 `recursive-map` 中主要执行以下操作。
    - 步骤 1.5.1：`:receive-queue`。从 worker-data 中的 `:executor-receive-queue-map` 取出 Executor 所对应的 Disruptor 队列。
    - 步骤 1.5.2：`:transfer-fn`。定义 `mk-executor-transfer-fn`，使用 `batch-transfer->worker` 来缓存发送的 Tuple。为了避免大量的 Tuple 没有被及时处理，额外创建了溢出缓冲区，只有当这个缓冲区也满了，才停止 Spout Executor 的 nextTuple。Executor 的 `transfer-fn` 将 Tuple 缓存到 Executor 的 `batch-transfer->worker`，而 `worker->transfer-fn` 将 Tuple 发送到 Worker 的 `transfer-queue`。
    - 步骤 1.5.3：`:stats`。`mk-executor-stats` 对于 Spout 调用 `stats/mk-spout-stats`，对于 Bolt 则调用 `stats/mk-bolt-stats`。调用的频率由 `conf` 中 `TOPOLOGY-STATS-SAMPLE-RATE` 决定。
    - 步骤 1.5.4：`:stream->component->grouper`。在 `outbound-components` 中生成 Stream ID 到 Component ID 的映射。实现 Stream 分组 s（Shuffle、Fields、All、Global、None、Direct、Local or shuffle）的支持。
    - 步骤 1.5.5：`:report-error-and-die`。定义发生错误时的行为，包含了 `throttled-report-error-fn` 和 Worker 中定义的 `:suicide-fn`。

```
:report-error-and-die (fn [error]
                        ((:report-error <>) error)
                        ((:suicide-fn <>)))
```

调用 `defn throttled-report-error-fn [executor]`，首先打印 error

日志，如果上次发生错误的时间和本次发生错误的时间的 `time-delta` 大于 `error-interval-secs`（由 `storm.yaml` 中的 `topology.error.throttle.interval.secs` 决定），则 `interval-errors` 次数加 1。如果 `interval-errors` 次数大于 `max-per-interval`（`topology.max.error.report.per.interval`），调用 `cluster/report-error` 错误信息记录到 ZooKeeper 的 `error` 目录下，让其他 Daemon 线程知道。设置汇报的时间周期和间隔的主要目的是为了避免大量错误发生时，导致 ZooKeeper 压力过大。`:suicide-fn <>` 为 Worker 中定义的 `suicide-fn`，功能是杀死 Worker 进程。

- 步骤 1.5.6：`:sampler`。`mk-stats-sampler` 生成 stats 统计的采样器，用于在 Storm UI 上的数据展示。在 `config.clj` 中定义了 `mk-stats-sampler`，根据 `conf` 中的 `sampling-rate` 创建一个 `even-sampler`。`sampler-rate` 和 `even-sampler` 都定义在 `util.clj` 中。相关代码如下：

```
config.clj:
 (defn mk-stats-sampler [conf]
  (even-sampler (sampling-rate conf)))
util.clj:
   (defn sampler-rate
     [sampler]
     (:rate (meta sampler)))

   (defn even-sampler [freq]
     (let [freq (int freq)
           start (int 0)
           r (java.util.Random.)
           curr (MutableInt. -1)
           target (MutableInt. (.nextInt r freq))]
       (with-meta
         (fn []
           (let [i (.increment curr)]
             (when (>= i freq)
               (.set curr start)
               (.set target (.nextInt r freq))))
           (= (.get curr) (.get target)))
         {:rate freq})))
```

`even-sampler` 每次调用都会返回 `(= curr target)` 的结果 true/false。`curr` 从 `start` 开始递增，在达到 `target` 之前，调用 `even-sampler` 都是返回 false。当 `curr` 等于 `target` 时，调用返回 true；当 `curr` 大于 `target` 时，重新随机生成 `target`，将 `curr` 清零。所以通过不停地调用，`even-sampler`

会随机出现若干次 `false` 和一次 `true`（在 `freq` 的范围内），从而达到采样的效果，只有 `true` 时才取样。

（2）步骤 2：遍历 `executor-data` 中 `task-ids` 遍历调用 `task/mk-task executor-data t` 创建 `Task`，放到 `map` 中，并绑定到 `task-datas` 对象上。`mk-task` 的详细过程参考 4.6 节。

（3）步骤 3：`start-batch-transfer->worker-handler!` 构建 `batch-transfer` 的缓存。通过 `disruptor/consume-loop*` 循环从 `batch-transfer-queue` 取出消息，没有到达 `batch-end` 时，放到由 `ArrayList` 构建的 `cached-emit` 中。当达到 `batch-end` 时，调用 `transfer-fn`（`Worker` 中的 `mk-transfer-fn`）将消息发送到 `transfer-queue`。如果两个 `Task` 在同一个 `Worker` 中，则为 `local-tasks`，否则为 `remote`。对于 `local-tasks` 的 `Task`，使用 `local-transfer` 将消息发送到对应的 `recieve-queue` 中；而对于 `remote` 的 `Task`，使用 `disruptor/publish` 发送到对应的 `transfer-queue` 中。

（4）步骤 4：通过 `mk-threads` 构建 `Executor` 的执行 `handlers`，对应 `Spout` 和 `Bolt` 分别执行相应的 `mk-threads`，详情参考 `mk-threads`。在 `handlers` 中加入了 `executor-data` 中的 `:report-error-and-die`。如果发生错误，则调用 `:report-error-and-die` 中的逻辑：记录日志，写入 `ZooKeeper` 并退出 `Worker` 进程。

（5）步骤 5：`setup-ticks!` 通过 `schedule-recurring` 定时向 `receive-queue` 中发送 `Tick Tuple` 消息。在 `Bolt` 中如果收到 `Tick Tuple`，则可以做一些特殊的操作，替代 `Timer` 的功能。可以参考 `storm-starter` 中的 `RollingTopWords` 中使用的 `storm.starter.bolt.RollingCountBolt` 的 `execute` 方法。

（6）步骤 6：实现 `RunningExecutor` 协议调用 `stats/render-stats!` 统计 `Spout/Bolt` 的数据。统计的采样的数据是由步骤 1.5 步中步骤 f 产生。具体参见 4.7 节。

4.5.2 创建 Spout 的 Executor

在 `Executor` 中有需要具体的线程来执行相关的操作，这些线程真正执行了大部分和业务 `Topology` 相关的工作，而其他的如 `Supervisor` 和 `Worker` 等大部分都是封装调用。对于 `Spout` 和 `Bolt`，通过 `Executor` 的 `mk-threads` 函数创建相应的主线程。而由于 `Spout` 和 `Bolt` 的执行逻辑差异，通过 `(defmulti mk-threads executor-selector)` 对 `Spout` 和 `Bolt` 分别定义不同的逻辑。

首先看对于 `Spout`，通过 `defmethod mk-threads :spout [executor-data task-datas]` 方法来创建 `Executor` 的线程，其主要逻辑如图 4-12 所示。

从图 4-12 中，可以看出 `Spout` 的 `Executor` 线程创建过程如下。

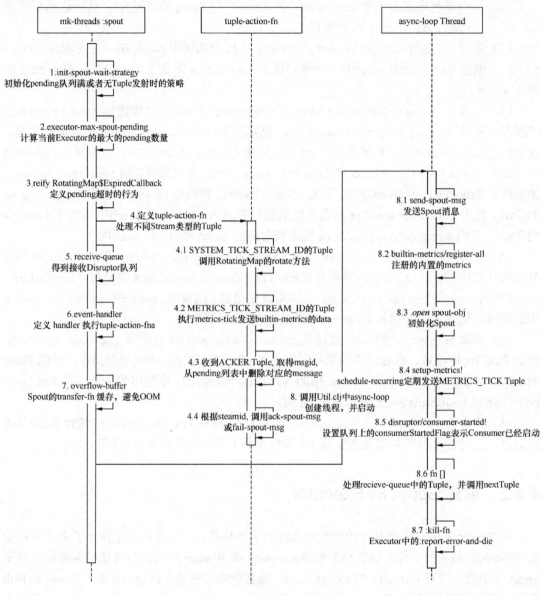

图 4-12 Spout 执行流程图

（1）步骤 1：实例化 `ISpoutWaitStrategy` 接口，当 Spout 的待确认缓存（即已经发送出去，但还没有收到 Acker 对该消息处理成功或者失败的应答的消息，就会放到待确认的 `pending` 中）队列满了，或者没有 Tuple 需要发射时，会采用该接口实现的策略，默认采取的是 `backtype.storm.spout.SleepSpoutWaitStrategy`，即每次休眠（sleep）一段时间，具体值由配置文件中 `topology.sleep.spout.wait.strategy.time.ms`

指定，默认为 1 ms。`ISpoutWaitStrategy` 接口定义如下：

```
package backtype.storm.spout;
import java.util.Map;

/**
 * The strategy a spout needs to use when its waiting. Waiting is
 * triggered in one of two conditions:
 *
 * 1. nextTuple emits no tuples
 * 2. The spout has hit maxSpoutPending and can't emit any more tuples
 *
 * The default strategy sleeps for one millisecond.
 */
public interface ISpoutWaitStrategy {
    void prepare(Map conf);
    void emptyEmit(long streak);
}
```

具体 `nextTuple` 和达到 `maxSpoutPending` 时的行为由 `emptyEmit` 方法来实现，在 `SleepSpoutWaitStrategy` 中，`emptyEmit` 调用了 `Thread.sleep(sleepMillis)`。

（2）步骤 2：计算当前 Executor 的最大 `pending` 数量。Spout 在发送 Tuple 后会等待 `ack` 或 `fail`，所以这些 Tuple 暂时不能删掉，只能先放入 `pending` 队列，直到最终被 `ack` 或 `fail` 后才能被删除。Tuple `pending` 的最大个数是有限制的，为 `p*num-tasks`。其中 `p` 是 `topology.max.spout.pending`，`num-tasks` 是 Spout 的 Task 数。

（3）步骤 3：实现 `backtype.storm.utils.RotatingMap$ExpiredCallback` 接口，定义 `pending` 的 Tuple 超时行为。RotatingMap 的核心为 `private LinkedList<HashMap<K, V>> _buckets;` 在 `rotate` 方法中，移除最老的元素，并调用 `ExpiredCallback` 接口的 `callback` 来执行相应操作。

```
public Map<K, V> rotate() {
    Map<K, V> dead = _buckets.removeLast();
    _buckets.addFirst(new HashMap<K, V>());
    if(_callback!=null) {
        for(Entry<K, V> entry: dead.entrySet()) {
            _callback.expire(entry.getKey(), entry.getValue());
        }
    }
    return dead;
}
```

在 Spout 中，`ExpiredCallback` 对超时的 Tuple 会执行 `fail-spout-msg` 函数，并

调用 ISpout 的 fail 方法,并执行 fail 方法绑定的钩子函数(hook)和修改相应的 metrics 和 stats 信息。

（4）步骤 4：定义 tuple-action-fn,对于不同 Stream 类型的 Tuple 执行不同的处理逻辑。

- 步骤 4.1：对于 stream 类型为 SYSTEM_TICK_STREAM_ID 的 Tuple 会触发调用 RotatingMap 的 rotate 方法。
- 步骤 4.2：对于 stream 类型为 METRICS_TICK_STREAM_ID 的 Tuple 会触发执行 metrics-tick。执行(metrics-tick executor-data task-datas tuple)。触发 Component 发送 builtin-metrics 中 TaskInfo 和 DataPoint(backtype.storm.metric.api.IMetricsConsumer 的内部类) 到 METRICS_STREAM,最终发送到 backtype.storm.metric.MetricsConsumerBolt,统计当前 Component 处理 Tuple 的情况。
- 步骤 4.3：对于 stream 类型为 ACKER-ACK-STREAM-ID 的 Tuple,取得 msgid,从 pending 列表中删除。然后调用 ack-spout-msg 函数,执行 ISpout 的 ack 方法,并执行 ack 方法绑定的钩子函数和修改相应的 metrics 和 stats 信息。
- 步骤 4.4：对于 stream 类型为 METRICS_TICK_STREAM_ID 的 Tuple,取得 msgid,从 pending 队列中删除。然后执行 fail-spout-msg 函数,并调用 ISpout 的 fail 方法,并执行 fail 方法绑定的钩子函数和修改相应的 metrics 和 stats 信息。

（5）步骤 5：得到 Worker 中对应该 Executor 的接收的 Disruptor 队列,并绑定到 receive-queue。

（6）步骤 6：定义 event-handler,执行 tuple-action-fn 函数,即步骤 4 的内容。

（7）步骤 7：生成 Spout 的 transfer-fn 缓存,避免内存溢出,绑定到 overflow-buffer 上。overflow-buffer 实际为 LinkedList 对象。

（8）步骤 8：调用 Util.clj 中的 async-loop 启动线程执行 afn,然后休眠一段时间,休眠结束后继续执行 afn,也就是定期执行 afn 的一个线程。

```
defnk async-loop [afn
            :daemon false
            :kill-fn (fn [error] (halt-process! 1 "Async loop died!"))
            :priority Thread/NORM_PRIORITY
            :factory? false
            :start true
            :thread-name nil]
```

- 步骤 8.1：生成 send-spout-msg 函数,这个函数最终被后面 ISpoutOutputCollector

的 `emit` 和 `emitDirect` 调用，用于发送 Spout 消息。所以逻辑就是首先根据 `message-id` 判断是否需要跟踪（具体是否跟踪由两个条件决定：是否需要 Acker，该值来自于 `storm.yaml` 中；emit 的时候是否指定了 MessageId），如果需要则利用 `backtype.storm.tuple.MessageId` 随机生成 `root-id`，对于发送的每个 Task 生成对应的 `out-id`，然后生成 `backtype.storm.tuple.TupleImpl` 对象。使用 `transfer-fn` 将 Tuple 发送到 Executor 的 `:batch-transfer-queue`。如果是需要跟踪的消息，加入 `pending` 队列中，并调用 `task/send-unanchored` 进行跟踪（构造 `ACKER-INIT-STREAM-ID` 的消息，并将 `[root-id (bit-xor-vals out-ids) task-id]` 作为值，使用 `transfer-fn` 将 Tuple 发送到 Executor 的 `:batch-transfer-queue`，告诉 Acker 需要跟踪该消息）。

- 步骤 8.2：`builtin-metrics/register-all`。注册内置的 `:builtin-metrics`。
- 步骤 8.3：执行 `ISpout` 对象的 `open` 方法，实现 `backtype.storm.spout.ISpoutOutputCollector` 接口中的 `emit` 和 `emitDirect` 方法。`emit` 和 `emitDirect` 都调用了 `send-spout-msg` 函数，只是 `emitDirect` 自定义了需要发送到的具体 `out-task-id`。

```
(SpoutOutputCollector.
            (reify ISpoutOutputCollector
              (^List emit [this ^String stream-id ^List tuple ^Object message-id]
                (send-spout-msg stream-id tuple message-id nil)
               )
              (^void emitDirect [this ^int out-task-id ^String stream-id
                            ^List tuple ^Object message-id]
                (send-spout-msg stream-id tuple message-id out-task-id)
               )
              (reportError [this error]
                (report-error error)
               )))))
```

- 步骤 8.4：`setup-metrics!`。通过 `schedule-recurring` 定期发送 `METRICS_TICK` Tuple。
- 步骤 8.5：`disruptor/consumer-started!`。设置队列上的 `consumerStartedFlag`，表示 consumer 已经启动。
- 步骤 8.6：处理 `recieve-queue` 中的 Tuple，并调用 `nextTuple`。只有当 `overflow-buffer` 为空，并且 `pending` 没有达到上限的时候，Spout 可以继续发射 Tuple。
- 步骤 8.7：使用 Executor 中的 `:report-error-and-die` 绑定 `:kill-fn`。

图 4-13 说明了 Spout 的内部的各种消息的具体流向。

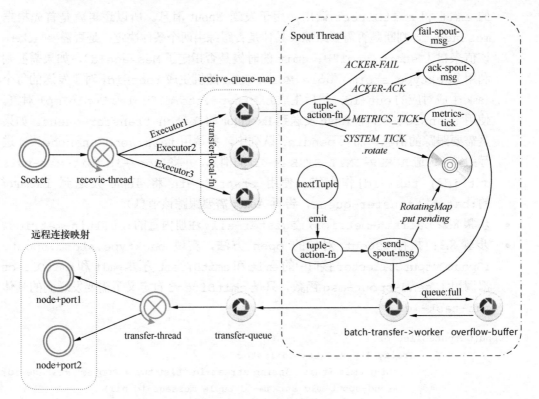

图 4-13 Spout 中消息的执行

4.5.3 创建 Bolt 的 Executor

Bolt 的 Executor 线程定义和 Spout 基本类似，相对而言，较 Spout 简单一些。下面详细介绍 Bolt 的 Executor 创建过程。创建 Bolt 的 Executor 线程的入口为 `defmethod mk-threads :bolt [executor-data task-datas]` 方法，其主要逻辑如图 4-14 所示。

从图 4-14 中，可以看出 Bolt 的 Executor 线程创建过程如下。

（1）步骤 1：将 `mk-stats-sampler` 绑定到 `execute-sampler` 上，根据配置文件中的采样率来决定 Bolt 中统计采样频率。

（2）步骤 2：定义 Bolt 的 Tuple 处理逻辑 `tuple-action-fn`，根据不同的 Stream 的 Tuple，Bolt 执行不同的操作。

- 步骤 2.1：如果是 `METRICS_TICK` 类型的 Stream，则执行 `metrics-tick` 操作。
- 步骤 2.2：取出 Bolt 对象，调用 `bolt-obj` 的 `execute` 方法，执行具体用户定义的 Bolt 的业务逻辑。
- 步骤 2.3：对于符合采样条件的 Tuple，执行 `task/apply-hooks`。

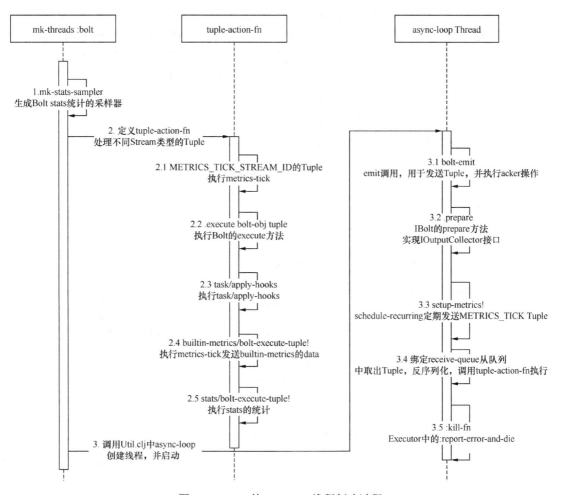

图 4-14 Bolt 的 Executor 线程创建过程

- 步骤 2.4：如果满足采样条件，则更新 `builtin-metrics`。
- 步骤 2.5：如果满足采样条件，则调用 `stats/bolt-execute-tuple!`，更新 stats 信息。

（3）步骤 3：调用 `Util.clj` 中的 `async-loop` 来创建和启动线程，同 Spout 一样，为循环执行的线程。

- 步骤 3.1：首先定义了 `bolt-emit` 的逻辑，获取消息接收端的 Task 集合，然后调用 `transfer-fn`，将 Bolt 产生的 Tuple 发送出去。
- 步骤 3.2：调用 `IBolt` 的 `prepare` 方法，初始化 Bolt 对象，实现 `IOutputCollector` 接口。在 `IOutputCollector` 中的 `emit` 和 `emitDirect` 方法调用了 `bolt-emit`；此外还包括 `fail` 和 `ack` 的实现。`ack` 的实现参见 4.8 节。

- 步骤3.3：setup-metrics! schedule-recurring 定期发送 METRICS_TICK Tuple。
- 步骤3.4：绑定 receive-queue，然后从接收队列中取出 Tuple 并反序列化，随后调用 tuple-action-fn 方法来执行。这是个循环的操作，调用了 disruptor/consume-batch-when-available 对接收队列的消息进行处理。
- 步骤3.5：:kill-fn 定义 Bolt 的错误处理逻辑，调用 Executor 中的 :report-error-and-die 来实现具体的处理逻辑。

图 4-15 说明了 Bolt 内部各种消息的具体流向。

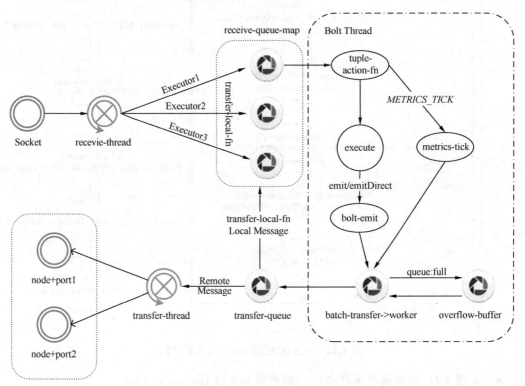

图 4-15　Bolt 中消息的执行

4.6　Task

Task 是 Storm 的最小的执行单位，Task 是逻辑概念，不同于 Worker 和 Executor 需要创建进程或线程。Task 是需要 Executor 来运行，一个 Executor 可以包含一个或者多个 Task。用户定义的 Spout 或者 Bolt 都会对应到相应的 Task 上，并由 Executor 来执行相应的在 Spout 或者 Bolt 中定义的业务逻辑。Task 由 Executor 在 mk-executor 通过 defn mk-task [executor-data task-id] 调用创建出来。

4.6.1 Task 的上下文对象

在 Storm 中的 `backtype.storm.task` 包中有若干的上下文（Context），用于记录 Topology 或者 Storm 中信息，其关系如图 4-16 所示。

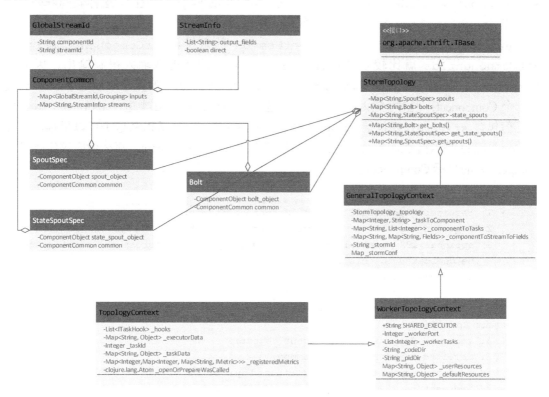

图 4-16　Task 的上下文关系图

下面对 Task 的相关上下文进行具体分析，包括 `StormTopology`、`GeneralTopology Context`、`WorkerTopologyContext` 和 `TopologyContext` 等。

1. StormTopology

`StormTopology` 类本身是通过 Thrift 生成的，其结构定义在 `storm.thrift` 中。具体内容如下：

```
struct StormTopology {
    //ids must be unique across maps
    // #workers to use is in conf
    1: required map<string, SpoutSpec> spouts;
```

```
    2: required map<string, Bolt> bolts;
    3: required map<string, StateSpoutSpec> state_spouts;
}
```

StormTopology 类中又定义了很多可以操作读取内部信息的方法。在 StormTopology 中可以通过 metaDataMap 读出 StormTopology 中有哪些 field、spouts、bolts 以及 state_spouts，然后遍历 getFieldValue，将值中的 keyset 返回。这样做的好处是动态，当 StormTopology 发生变化时，代码不用改动。

从 storm.thrift 中看 ComponentCommon 的定义，getComponentCommon 和 getComponentIds 就比较容易理解。getTargets 的实现从输入得到输出，因为在 ComponentCommon 只记录了输出的 streamid 以及 fields，但无法知道这个 Stream 发往哪个 Component；但对于输入，streamid 是 GlobalStreamId 类型，GlobalStreamId 中不但包含 streamid 还包括 Component 的 componentid。所以从这个可以反推，只要源 Component 是当前 ComponentCommon 对象中定义的 Component，那么说明该组件是源 Component 的目标 Component。

```
struct ComponentCommon {
    1: required map<GlobalStreamId, Grouping> inputs;
    2: required map<string, StreamInfo> streams; //key is stream id, outputs
    3: optional i32 parallelism_hint; //how many threads across the cluster should
        be dedicated to this component
    4: optional string json_conf;
}

struct SpoutSpec {
    1: required ComponentObject spout_object;
    2: required ComponentCommon common;
    // can force a spout to be non-distributed by overriding the component configuration
    // and setting TOPOLOGY_MAX_TASK_PARALLELISM to 1
}

struct Bolt {
    1: required ComponentObject bolt_object;
    2: required ComponentCommon common;
}
```

2. GeneralTopologyContext

GeneralTopologyContext 记录了 Topology 的基本信息，包含 StormTopology 和 StormConf，StormTopology 中的 SpoutSpec、Bolt 和 StateSpoutSpec 等。从它们的信息中又可以推导出 Task 和 Component 信息、Component 中的 streams、input/output 信息等。先看一下 GeneralTopologyContext 的具体内容。

```java
public class GeneralTopologyContext implements JSONAware {
    private StormTopology _Topology;
    private Map<Integer, String> _taskToComponent;
    private Map<String, List<Integer>> _componentToTasks;
    private Map<String, Map<String, Fields>> _componentToStreamToFields;
    private String _stormId;
    protected Map _stormConf;

    // pass in componentToSortedTasks for the case of running tons of tasks in single
    // executor
    public GeneralTopologyContext(StormTopology Topology, Map stormConf,
        Map<Integer, String> taskToComponent,
        Map<String, List<Integer>> componentToSortedTasks,
        Map<String, Map<String, Fields>> componentToStreamToFields, String stormId) {
            _Topology = Topology;
            _stormConf = stormConf;
            _taskToComponent = taskToComponent;
            _stormId = stormId;
            _componentToTasks = componentToSortedTasks;
            _componentToStreamToFields = componentToStreamToFields;
        }
}
```

在 GeneralTopologyContext 中可以通过 taskToComponent 和 componentToTasks 得到 Task 和 Component 的双向映射关系；componentToStreamToFields 可以得到 Component 包含哪些 streams，每个 stream 包含哪些 fields。可以通过 getTargets 方法获取 Component 的输入和输出的对应关系。

```java
/**
 * Gets information about who is consuming the outputs of the specified component,
 * and how.
 *
 * @return Map from stream id to component id to the Grouping used.
 */
public Map<String, Map<String, Grouping>> getTargets(String componentId) {
    Map<String, Map<String, Grouping>> ret = new HashMap<String, Map<String, Grouping>>();
    for(String otherComponentId: getComponentIds()) {
        Map<GlobalStreamId, Grouping> inputs =
            getComponentCommon(otherComponentId).get_inputs();
        for(GlobalStreamId id: inputs.keySet()) {
            if(id.get_componentId().equals(componentId)) {
                Map<String, Grouping> curr = ret.get(id.get_streamId());
                if(curr==null) curr = new HashMap<String, Grouping>();
                curr.put(otherComponentId, inputs.get(id));
                ret.put(id.get_streamId(), curr);
```

```
            }
        }
    }
    return ret;
}

/**
 * Gets the declared inputs to the specified component.
 *
 * @return A map from subscribed component/stream to the grouping subscribed with.
 */
public Map<GlobalStreamId, Grouping> getSources(String componentId) {
    return getComponentCommon(componentId).get_inputs();
}
```

上面的两个方法中的 getComponentCommon 和 getComponentIds 来自 ThriftTopologyUtils 类。ThriftTopologyUtils 不是通过 thriftAPI 去获取 Nimbus 的信息，只是从 StormTopology 的 metaDataMap 中读信息。

```
public static ComponentCommon getComponentCommon(StormTopology Topology, String componentId) {
    for(StormTopology._Fields f: StormTopology.metaDataMap.keySet()) {
        Map<String, Object> componentMap =
            (Map<String, Object>) Topology.getFieldValue(f);
        if(componentMap.containsKey(componentId)) {
            Object component = componentMap.get(componentId);
            if(component instanceof Bolt) {
                return ((Bolt) component).get_common();
            }
            if(component instanceof SpoutSpec) {
                return ((SpoutSpec) component).get_common();
            }
            if(component instanceof StateSpoutSpec) {
                return ((StateSpoutSpec) component).get_common();
            }
            throw new RuntimeException("Unreachable code! No get_common
                conversion for component " + component);
        }
    }
    throw new IllegalArgumentException("Could not find component common for "
                                     + componentId);
}

public static Set<String> getComponentIds(StormTopology Topology) {
    Set<String> ret = new HashSet<String>();
```

```
        for(StormTopology._Fields f: StormTopology.metaDataMap.keySet()) {
            Map<String, Object> componentMap = (Map<String, Object>) Topology.getFieldValue(f);
            ret.addAll(componentMap.keySet());
        }
        return ret;
}
```

3. WorkerTopologyContext

WorkerTopologyContext 封装了 Worker 的相关信息。

```
public class WorkerTopologyContext extends GeneralTopologyContext {
    public static final String SHARED_EXECUTOR = "executor";

    private Integer _workerPort;              //Worker 进程的 port
    private List<Integer> _workerTasks;       //Worker 包含的 taskids
    private String _codeDir;                  //Supervisor 上的代码目录 stormdist/stormid
    private String _pidDir;                   //记录 Worker 运行进程的 pids 的目录 workid/pids
    Map<String, Object> _userResources;
    Map<String, Object> _defaultResources;
}
```

4. TopologyContext

TopologyContext 会作为 Bolt 和 Spout 的 prepare（或 open）函数的参数，所以用 openOrPrepareWasCalled 表示该 TopologyContext 是否被 prepare/open 调用过。

registerMetric 可以用于往 _registeredMetrics 中注册自定义的 metics，其结构为 [timeBucketSizeInSecs, [taskId, [name, metric]]]。List<ITaskHook> _hooks 对象则用于注册 Task 的 Hook 方法，关于 Hook 的使用参见第 5 章。

```
/**
 * A TopologyContext is given to bolts and spouts in their "prepare" and "open"
 * methods, respectively. This object provides information about the component's
 * place within the Topology, such as task ids, inputs and outputs, etc.
 *
 * <p>The TopologyContext is also used to declare ISubscribedState objects to
 * synchronize state with StateSpouts this object is subscribed to.</p>
 */
public class TopologyContext extends WorkerTopologyContext implements IMetricsContext {
    private Integer _taskId;
    private Map<String, Object> _taskData = new HashMap<String, Object>();
    private List<ITaskHook> _hooks = new ArrayList<ITaskHook>();
    private Map<String, Object> _executorData;
    private Map<Integer,Map<Integer, Map<String, IMetric>>> _registeredMetrics;
```

```java
        private clojure.lang.Atom _openOrPrepareWasCalled;

    public TopologyContext(StormTopology Topology, Map stormConf,
            Map<Integer, String> taskToComponent,
            Map<String, List<Integer>> componentToSortedTasks,
            Map<String, Map<String, Fields>> componentToStreamToFields,
            String stormId, String codeDir, String pidDir, Integer taskId,
            Integer workerPort, List<Integer> workerTasks,
            Map<String, Object> defaultResources,
            Map<String, Object> userResources,
            Map<String, Object> executorData,
            Map registeredMetrics,
            clojure.lang.Atom openOrPrepareWasCalled) {
                super(Topology, stormConf, taskToComponent,
                    componentToSortedTasks, componentToStreamToFields,
                    stormId, codeDir, pidDir, workerPort, workerTasks,
                    defaultResources, userResources);
        _taskId = taskId;
        _executorData = executorData;
        _registeredMetrics = registeredMetrics;
        _openOrPrepareWasCalled = openOrPrepareWasCalled;
    }
}
```

4.6.2 Task 的创建

Task 是在 Executor 中，通过调用 `mk-task` 方法来创建一个新的 Task，并通过调用 `mk-task-data` 函数为该 Task 创建对应的数据。Task 的创建过程参见图 4-17。

`mk-task` 方法主要是调用了 `mk-task-data` 方法，创建了 `TopologyContext` 对象，便于 Task 在执行时可以取到需要的 Topology 信息。在 `mk-task-data` 中，又调用了 `mk-stats-fn` 函数，返回 `tasks-fn`，主要是选择消息的目标 Task 和需要发送的消息。该方法的代码如下：

```clojure
defn mk-task [executor-data task-id]
    (let [task-data (mk-task-data executor-data task-id)
          storm-conf (:storm-conf executor-data)]
      (doseq [klass (storm-conf TOPOLOGY-AUTO-TASK-HOOKS)]
        (.addTaskHook ^TopologyContext (:user-context task-data) (-> klass Class/forName.newInstance)))
      ;; when this is called, the threads for the executor haven't been started yet,
      ;; so we won't be risking trampling on the single-threaded claim strategy
      ;; disruptor queue
```

```
        (send-unanchored task-data SYSTEM-STREAM-ID ["startup"])
        task-data
    ))
```

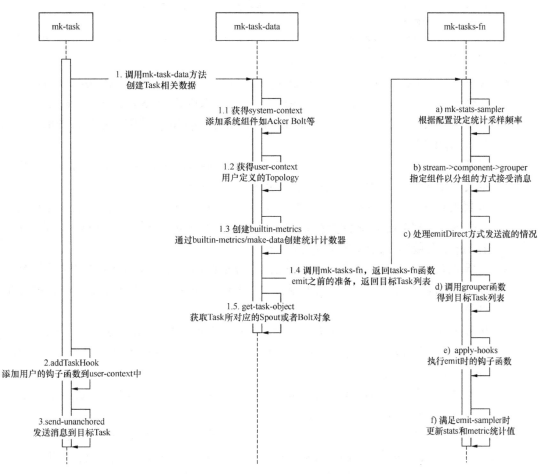

图 4-17 Task 的创建过程

Task 的创建过程可以分为如下步骤。

（1）步骤 1：调用 `mk-task-data` 方法，创建 Task 相关数据，参数为 `executor-data` 和该 Task 的 `TaskId`。在创建 Task 时，会先创建一个 `TopologyContext` 对象，用于获取 Topology 的相关信息，例如相关的 Component、Component 对应的 Task 等。`mk-task-data` 方法的代码如下：

```
(defn mk-task-data [executor-data task-id]
  (recursive-map
    :executor-data executor-data
```

```
:task-id task-id
:system-context (system-topology-context (:worker executor-data) executor-data task-id)
:user-context (user-topology-context (:worker executor-data) executor-data task-id)
:builtin-metrics (builtin-metrics/make-data (:type executor-data))
:tasks-fn (mk-tasks-fn <>)
:object (get-task-object (.getRawTopology ^TopologyContext (:system-context <>))
         (:component-id executor-data))))
```

- 步骤 1.1：`system-context` 通过 `system-topology-context` 方法获得，该方法会调用 `mk-topology-context-builder` 来创建 `TopologyContext` 对象。`system-context` 完成的功能是在用户定义的 Topology 基础上添加系统部件，如 **Acker Bolt** 等。
- 步骤 1.2：`user-context` 产生方法同 `system-context` 类似，不过只返回用户定义的 Topology 所对应的 `TopologyContext` 对象。
- 步骤 1.3：`builtin-metrics` 为通过 `builtin-metrics/make-data` 创建统计计数器，根据 Executor 的类型来创建不同的统计方案，如发射的 Tuple 数量、传输的 Tuple 数量等。具体内容参见 4.7 节。
- 步骤 1.4：`task-fn` 为调用 `mk-tasks-fn` 返回的结果。主要完成的功能是选择消息的目标 Task 节点、添加用户定义的 `emit` 时候的钩子函数、完成统计信息等。
- 步骤 1.5：`object` 对应了该 Task 执行的 Spout 或者 Bolt 对象。通过调用 `get-task-object` 函数来获得，里面封装该对象相应的逻辑，如 Spout 的 `nextTuple` 方法、Bolt 的 `execute` 方法等。

（2）步骤 2：完成 Task 相关数据的创建后，将用户的定义的钩子函数逐一通过 `addTaskHook` 方法添加到 `user-context` 中。

（3）步骤 3：通过 `send-unanchored` 方法发送一条启动（**startup**）的消息。在 `send-unanchored` 方法中调用了 Executor 的 `transfer-fn` 将消息发送到消息的发送队列中，然后 Worker 会将消息发到目标 Task，参见 4.4.1 节中的描述。

4.7　Storm 中的统计

对于运行中的 Topology，包括每个 Executor 接收和发送的数据量、执行时间、`ack/fail` 的条数等信息，Storm 会对其进行统计，最终将统计结果展示在 Storm 的 UI 上。统计信息是 Worker 以心跳的方式写入 ZooKeeper 中，Storm 的 UI 调用 Thrift 接口通过 Nimbus 读取相应的数据来显示。图 4-18 展示了在 Storm UI 上的某个 Topology 的部分统计信息。

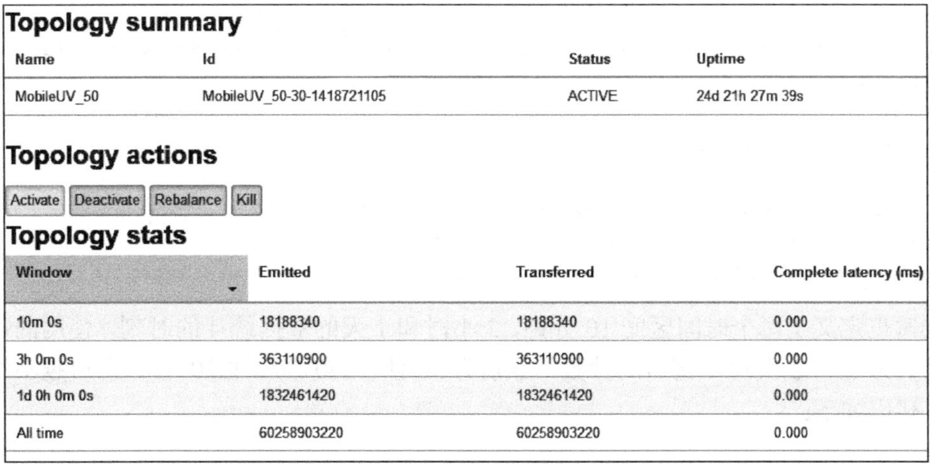

图 4-18 Storm UI 显示的 Topology 统计信息

Topology summary			
Name	Id	Status	Uptime
MobileUV_50	MobileUV_50-30-1418721105	ACTIVE	24d 21h 27m 39s

Topology actions

[Activate] [Deactivate] [Rebalance] [Kill]

Topology stats

Window	Emitted	Transferred	Complete latency (ms)
10m 0s	18188340	18188340	0.000
3h 0m 0s	363110900	363110900	0.000
1d 0h 0m 0s	1832461420	1832461420	0.000
All time	60258903220	60258903220	0.000

图 4-18 Storm UI 显示的 Topology 统计信息

为了降低统计对性能的影响，Storm 是以采样抽样统计的方式进行，具体的采样频率由 `topology.stats.sample.rate` 值来决定。Storm 的运行统计数据分为多个类别，包括 Topology 维度、Spout 维度、Bolt 维度和 Executor 维度等。每一类别又分了 3 个时间区间间隔，10 分钟、3 小时和 1 天。对相应的统计值，Storm 是采用滑动窗口的形式来统计的。例如对最近 10 分钟的统计类别，Storm 是将其划分为 30 秒一个窗口，即一共有 20 个小的统计窗口进行统计，Storm 将最近的 20 个小窗口的统计值进行合并后返回，这样就达到了滑动的效果。举例来说，10 点 10 分的统计值是区间是[10:00:00, 10:10:00]，然后 10 点 10 分 30 秒的统计区间为[10:00:30, 10:10:30]，10:00:00 这个窗口的数据在滑动过程中就被删除了，新的 10:10:30 这个窗口的数据被加了进来。现在 Storm 中有两套统计系统（stats 和 metrics），下面分别进行介绍。

4.7.1 stats 框架

在 Storm UI 上，目前显示的数据还是来自于 stats 框架，本节对 stats 框架的相关逻辑做一个简要的分析。

1. 统计数据的结构

在 `stats.clj` 中定义了公共的数据统计项、Spout 和 Bolt 需要统计的数据项，这些数据项在 UI 中都可以看到，包括 `emit` 的数据量、传输的数据量、`ack` 的数据量等，具体代码如下：

```
(def COMMON-FIELDS [:emitted :transferred])
(defrecord CommonStats [emitted transferred rate])
```

```
(def BOLT-FIELDS [:acked :failed :process-latencies :executed :execute-latencies])
;;acked and failed count individual tuples
(defrecord BoltExecutorStats [common acked failed process-latencies executed
    execute-latencies])

(def SPOUT-FIELDS [:acked :failed :complete-latencies])
;;acked and failed count tuple completion
(defrecord SpoutExecutorStats [common acked failed complete-latencies])
```

同时也定义了每个时间区间10分钟、3小时和1天的数据统计的时刻，使用的窗口数量（默认为20）以及每个窗口的秒数，分别为30秒、540秒和4320秒。窗口越小结果越准确。代码如下：

```
(def NUM-STAT-BUCKETS 20)
;; 10 minutes, 3 hours, 1 day
(def STAT-BUCKETS [30 540 4320])
```

在创建 Executor 的过程中，`mk-executor-data` 方法会调用 `mk-executor-stat`，对应调用了 stats 中 Spout 和 Bolt 相应的统计方法。相关代码如下：

```
(defmethod mk-executor-stats :spout [_ rate]
  (stats/mk-spout-stats rate))

(defmethod mk-executor-stats :bolt [_ rate]
  (stats/mk-bolt-stats rate))
```

以 Spout 的 `mk-spout-stats` 方法为例，看到底做了那些事情。在 mk-spout-stats 中首先包含了 CommonStats 的统计项，然后再添加 Spout 自己的相关统计项，其核心都是调用了 `keyed-counter-rolling-window-set` 方法和 `keyed-avg-rolling-window-set` 方法，传入参数为定义的窗口数量 NUM-STAT-BUCKETS 和窗口大小 STAT-BUCKETS。先看 mk-spout-stats 的实现，相关代码如下：

```
(defn mk-spout-stats
  [rate]
  (SpoutExecutorStats.
    (mk-common-stats rate)
    (atom (apply keyed-counter-rolling-window-set NUM-STAT-BUCKETS STAT-BUCKETS))
    (atom (apply keyed-counter-rolling-window-set NUM-STAT-BUCKETS STAT-BUCKETS))
    (atom (apply keyed-avg-rolling-window-set NUM-STAT-BUCKETS STAT-BUCKETS))))

(defn- mk-common-stats
  [rate]
  (CommonStats.
    (atom (apply keyed-counter-rolling-window-set NUM-STAT-BUCKETS STAT-BUCKETS))
```

```
    (atom (apply keyed-counter-rolling-window-set NUM-STAT-BUCKETS STAT-BUCKETS))
    rate))
```

`keyed-counter-rolling-window-set` 用于定义基本值统计类型的滑动窗口，`keyed-avg-rolling-window-set` 用于定义哈希表上的平均值类型的滑动窗口集合。在 `keyed-counter-rolling-window-set` 方法和 `keyed-avg-rolling-window-set` 方法内部，包含了一个 `rolling-window-set` 对象来记录具体的数据，代码如下：

```
(defn keyed-counter-rolling-window-set
  [num-buckets & bucket-sizes]
  (apply rolling-window-set incr-val (partial merge-with +) counter-extract num-buckets
      bucket-sizes))

(defn keyed-avg-rolling-window-set
  [num-buckets & bucket-sizes]
  (apply rolling-window-set update-keyed-avg merge-keyed-avg extract-keyed-avg num-
      buckets bucket-sizes))

(defn rolling-window-set [updater merger extractor num-buckets & bucket-sizes]
  (RollingWindowSet. updater extractor (dofor [s bucket-sizes] (rolling-window updater
      merger extractor s num-buckets)) nil)
)

(defn rolling-window
  [updater merger extractor bucket-size-secs num-buckets]
  (RollingWindow. updater merger extractor bucket-size-secs num-buckets {}))
```

`rolling-window-set` 方法中，包含了一个 `RollingWindowSet` 对象，表示一组滑动窗口的集合。`RollingWindow` 定义一个具体的滑动窗口。

```
(defrecord RollingWindow
  [updater merger extractor bucket-size-secs num-buckets buckets])
```

其中，`updater` 为统计运行的回调函数、`merger` 为将多个时间窗口统计数据进行合并的回调函数、`extractor` 为获取一个窗口统计数据的回调函数、`bucket-size-secs` 表示窗口大小、`num-buckets` 表示窗口数量、`buckets` 表示窗口的统计数据。下面看一下数据是如何更新的。

2. 统计数据的更新

在 Storm 中，定义了随机采样函数 `mk-stats-sampler`，采样率由 `topology.stats.sample.rate` 值来决定。`sampling-rate` 函数获取采样率，如果采样率是 5%，那么实际中每 1/0.05 个数据会采样一次，也就是执行 20 次操作中采样一次。`even-sampler` 的逻辑则是产生[0, 20]区间的随机数，如果随机数和某次操作序号相等，则采样这次操作的相关数据。mk-stats-sampler 相关代码如下：

```
(defn mk-stats-sampler
  [conf]
  (even-sampler (sampling-rate conf)))

(defn sampling-rate
  [conf]
  (->> (conf TOPOLOGY-STATS-SAMPLE-RATE)
       (/ 1)
       int))
```

Storm 中有多处地方都会对数据进行统计和采样，Spout 和 Bolt 发射消息、传输数据、执行失败、执行完成以及 ack 完成等。下面以传输数据为例，说明统计数据是如何更新的。

在 Task 的 mk-tasks-fn 方法中，当有数据发送出去时，会调用 transferred-tuples! 和 emitted-tuple! 更新统计数据。如果有多个目标 Task，则 transferred-tuples! 需要增加的数量为目标 Task 的数目，而 emitted-tuple! 则只需要加 1。transferred-tuples! 和 emitted-tuple! 的代码如下：

```
(defn emitted-tuple!
  [stats stream]
  (update-executor-stat! stats [:common :emitted] stream (stats-rate stats)))

(defn transferred-tuples!
  [stats stream amt]
  (update-executor-stat! stats [:common :transferred] stream (* (stats-rate stats) amt)))
```

transferred-tuples! 和 emitted-tuple! 都调用了 update-executor-stat! 方法来进行数据的累加。transferred-tuples! 传入了 amt（即发送的数量），然后用 (stats-rate stats) 乘以 amt 作为更新量。如果采样率为 5%，即一次采样的更新值就为 20 * amt。在 update-executor-stat! 方法中，完成对一个 RollingWindowSet 的更新。对 RollingWindowSet 中的每个 RollingWindow 调用 update-rolling-window 来完成更新。代码如下：

```
(defmacro update-executor-stat!
  [stats path & args]
  (let [path (collectify path)]
    '(swap! (-> ~stats ~@path) update-rolling-window-set ~@args)))

(defn update-rolling-window-set
  ([^RollingWindowSet rws & args]
   (let [now (current-time-secs)
         new-windows (dofor [w (:windows rws)]
```

```
                    (apply update-rolling-window w now args))]
        (assoc rws
          :windows new-windows
          :all-time (apply (:updater rws) (:all-time rws) args)))))

(defn update-rolling-window
  ([^RollingWindow rw time-secs & args]
   ;; this is 2.5x faster than using update-in...
   (let [time-bucket (curr-time-bucket time-secs (:bucket-size-secs rw))
         buckets (:buckets rw)
         curr (get buckets time-bucket)
         curr (apply (:updater rw) curr args)]
     (assoc rw :buckets (assoc buckets time-bucket curr)))))
```

在 `update-rolling-window` 方法中，根据 `curr-time-bucket` 算出当前属于哪个 `time-bucket`，即窗口序号。窗口序号是通过对 `bucket-size-secs` 的值取整得到的时间点。通过窗口序号取出 `buckets`，即当前窗口的统计值 `curr`，并使用 `:updater` 更新相应的统计值。如果 `curr` 为空，则创建一个新的放进去。最后将 `curr` 和窗口序号 `time-bucket` 绑定，放入 `buckets` 中。

3. 统计数据的同步和使用

在 Worker 的创建过程中，会创建一个 `:executor-heartbeat-timer` 的定时线程，其功能就是定时调用 `do-executor-heartbeats` 函数，将统计信息写入 ZooKeeper 中，其代码如下：

```
(defnk do-executor-heartbeats [worker :executors nil]
  ;; stats is how we know what executors are assigned to this worker
  (let [stats (if-not executors
                (into {} (map (fn [e] {e nil}) (:executors worker)))
                (->> executors
                  (map (fn [e] {(executor/get-executor-id e) (executor/render-stats e)}))
                  (apply merge)))
        zk-hb {:storm-id (:storm-id worker)
               :executor-stats stats
               :uptime ((:uptime worker))
               :time-secs (current-time-secs)
              }]
    ;; do the zookeeper heartbeat
    (.worker-heartbeat! (:storm-cluster-state worker) (:storm-id worker) (:assignment-id worker) (:port worker) zk-hb)
    ))
```

通过代码可以看出，`zk-hb` 相关的数据，主要是每个 Executor 的统计值，被同步到了

ZooKeeper 中。相关的数据使用可以通过 Nimbus 的 `getTopologyInfo` 接口来获取，里面包括了所有 Executor 的统计信息的 `ExecutorSummary`。`getTopologyInfo` 接口定义如下：

```
^TopologyInfo getTopologyInfo [this ^String storm-id]
```

`getTopologyInfo` 中获取 Executor 统计信息的代码如下：

```
executor-summaries (dofor [[executor [node port]] (:executor->node+port assignment)]
    (let [host (-> assignment :node->host (get node))
          heartbeat (get beats executor)
          stats (:stats heartbeat)
          stats (if stats
                  (stats/thriftify-executor-stats stats))]
      (doto
        (ExecutorSummary. (thriftify-executor-id executor)
                          (-> executor first task->component)
                          host
                          port
                          (nil-to-zero (:uptime heartbeat)))
        (.set_stats stats))
      ))
]
```

在 Storm 的 UI 中，获取 Topology 统计信息的代码如下：

```
(defn topology-summary [^TopologyInfo summ]
  (let [executors (.get_executors summ)
        workers (set (for [^ExecutorSummary e executors]
                       [(.get_host e) (.get_port e)]))]
    {"id" (.get_id summ)
     "encodedId" (url-encode (.get_id summ))
     "name" (.get_name summ)
     "status" (.get_status summ)
     "uptime" (pretty-uptime-sec (.get_uptime_secs summ))
     "tasksTotal" (sum-tasks executors)
     "workersTotal" (count workers)
     "executorsTotal" (count executors)}))
```

从代码中可以看出，通过遍历 `TopologyInfo` 中的每个 Executor 对应的 `ExecutorSummary` 信息，将这些信息组合起来返回给界面展示。而 UI 中显示的集群的统计信息等，则是每个 Topology 信息的再次聚合。关于统计信息的深入使用参见 5.2 节中的介绍。通过 thrift 获取统计信息，可以实现外部系统监控集群的运行状态等目标。

4.7.2 metric 框架

除 stats 框架以外，Storm 还提供了一套 metric 的统计框架，目前两套框架在并行运行。

在 metric 框架中，在 `backtype.storm.metric.api` 包下定义一系列 metric 相关的接口，包括 `IMetric`、`IReducer` 和 `ICombiner`。metric 的使用包括如下几步。

（1）在 Task 中，创建一系列内置的 metric，其定义在 `backtype/storm/daemon/builtin-metrics.clj` 中。并将这些内置的 metric 注册到 Task 的 `TopologyContext` 中。

（2）Task 会不断地利用如 `spout-acked-tuple!` 等函数去更新这些内置的 metric 信息。

（3）在 Executor 中，通过 `setup-metrics!` 函数对 Spout 和 Bolt 各创建一个定时器，定期向 `Constants/METRICS_TICK_STREAM_ID` 的流发送 Tick 消息。

（4）Task 收到来源于 `Constants/METRICS_TICK_STREAM_ID` 消息，则调用 metrics-tick 函数，将当前 Task 的 metric 的统计信息发送到 `Constants/METRICS_STREAM_ID` 的流上。任何一个 Component 都会向该流发送 metric 的统计信息。

（5）如果要消费 metic 统计信息，用户需要自己实现 `IMetricsConsumer` 的接口，然后利用 `Config` 的 `registerMetricsConsumer` 方法实现注册，这样就可以消费相关数据。比如将 Storm 自带的 `LoggingMetricsConsumer` 类（功能为将 metric 数据输出到日志文件中）注册到 Storm 中，代码如下：

```
conf.registerMetricsConsumer(
    backtype.storm.metric.LoggingMetricsConsumer.class, 1)
```

（6）当 Topology 中存在 `IMetricsConsumer` 类时，Storm 将为每个类创建一个 Bolt 节点，该节点负责消费 `Constants/METRICS_STREAM_ID` 流上的数据。Bolt 的名字为 __metrics + 类名，如 __metricsbacktype.storm.metric.LoggingMetricsConsumer。

（7）每个 Worker 都会创建一个 `SystemBolt` 的节点，该 Bolt 节点不接受任何数据的输入，而是将 Worker 的内存信息、GC 信息等发送到 `Constants/METRICS_STREAM_ID` 流上。具体可以参见 `backtype.storm.metric.SystemBolt` 类。

在 Storm 中，不光可以获取内置 metric 的数据，我们也可以自定义 metric，比如用 `MultiCountMetric` 进行多个值统计。自定义 metric 的使用参见 5.3 节。

4.8 Ack 框架

Storm 保证从 Spout 发出的每个 Tuple 都会被完全处理，这是其非常很重要的一个特性。一个 Tuple 被完全处理的意思是：这个 Tuple 以及由这个 Tuple 所导致的所有的 Tuple 都被成功处理；如果在指定的时间内没有成功处理某一个 Tuple，则该 Tuple 会被认为处理失败了。也就是说对于任何一个 Spout 的 Tuple 以及它的所有子孙到底处理成功失败与否我们都会得到通知。

4.8.1 Ack 的原理

Storm Ack 框架的一个非常大的创新是在工作过程中不保存整棵 Tuple 树的映射，对于任意大的一个 Tuple 树，它只需要恒定的 20 字节就可以进行跟踪，这样大大节省了内存。试想每秒钟有上百万的 Tuple 消息，如果需要保存整个 Tuple 树用于跟踪处理成功失败的情况，那么消耗的内存将是非常惊人的。

Ack 原理很简单：对于每个 Spout Tuple 保存一个 `ack-val` 的校验值，它的初始值是 0，然后每发射一个 Tuple 或者 ack 一个 Tuple，Tuple 的 ID 都要跟这个校验值异或一下，并且把得到的值更新为 `ack-val` 的新值。如果每个发射出去的 Tuple 都被 ack 了，最后 `ack-val` 一定是 0（因为一个数字跟自己异或得到的值是 0）。如果 `ack-val` 为 0，表示这个 Tuple 树就被完整处理过了。当达到超时时间，`ack-val` 不为 0，则 Tuple 处理失败了。Storm 利用 Acker Bolt 进行消息的跟踪。Ack 框架的执行过程如下。

（1）Storm 的 Spout 中对每条发送出去的消息生成一个 MessageId 对象，内容为 <RootId, 消息 ID>，消息 ID 为一个 `long` 类型的随机数，并且 Spout 会以 RootId 为键，以消息为值，放到自己的 `pending` Map 中，并且只保留一段时间，具体时间由 `topology.message.timeout.secs` 决定，超时后则调用 Spout 的 `fail` 方法。

（2）Spout 发送消息出去后，给 Acker Bolt 发射一条 Tuple 消息，消息的内容为 [tuple-id, ack-val, task-id]。

- `tuple-id` 为消息的 `RootId`。
- Spout 发送的消息有一个或者多个接收目标 Task，对所有的目标 Task 的消息 ID 进行异或操作，得到一个 `ack-val`。
- `task-id` 为 Spout 的 ID，这样 Acker 就知道是哪个 Spout 发送过来的 Ack 消息。并且有多个 Acker Bolt 的时候，可以根据 `task-id` 进行一致性哈希，同一个 `task-id` 的 Ack 消息可以确保被同一个 Acker Bolt 进行跟踪。
- 发送消息的 StreamId 是 `__ack_init(ACKER-INIT-STREAM-ID)`。

（3）Acker Bolt 收到 StreamId 为 ACKER-INIT-STREAM-ID 的消息后，会在自己的 `pending` 对象（`TimeCacheMap`）中添加一条记录 `{tuple-id : {task-id:ack-val}}`，记录中的各项值从 Spout 中发送过来。

（4）Bolt 收到的消息中（来自于 Spout 或者父 Bolt）同样会包含 MessageId 对象。Bolt 在发射消息的过程中，对每个需要接受该消息的 Task，会创建一个新的 MessageId 对象。该 MessageId 对象会发送给目标 Task，并且该 MessageId 中的消息 ID 和接收到的消息 ID 进行异或操作，把得到的 `ack-val` 发送给 Acker Bolt。发送给 Acker 的消息内容为 <tuple-id, ack-val>，消息的 StreamId 为 `__ack_ack (ACKER_ACK_STREAM_ID)`。

（5）Acker Bolt 收到 StreamId 为 ACKER_ACK_STREAM_ID 的消息后，根据 tuple-id 从 pending 中取出老的 ack-val，并将新老 ack-val 进行异或操作，更新到 pending 中。

（6）如果第 5 步的异或结果为 0，则 Acker Bolt 认为从 Spout 发出的消息都已经正确处理完毕了，就会给 Spout 发送通知。消息的内容为 tuple-id，StreamId 为 _ack_ack(ACKER_ACK_STREAM_ID)。

（7）Spout 收到 StreamId 为 ACKER_ACK_STREAM_ID 的消息，则将 pending Map 中的 tuple-id 记录删除，并调用 Spout 的 ack 方法。

（8）如果在第 1 步中 Spout 在发射消息的时候，不指定消息 ID，则 Storm 不会启用 Ack 跟踪。如果系统中不含 Acker Bolt，也不会启用 Ack。

（9）如果 Bolt 调用了 fail 方法，会给 Acker Bolt 发送 StreamId 为 __ack_fail(ACKER_FAIL_STREAM_ID) 的消息。Acker Bolt 收到 ACKER_FAIL_STREAM_ID 的消息，会将该消息转发给对应的 Spout。Spout 收到 fail 消息后，则执行 Spout 的 fail 方法。

（10）Acker Bolt 的 pending 中，只会保存一段时间的跟踪信息，具体时间由 topology.message.timeout.secs 决定，超过这个时间，就会删除这个 tuple-id 的跟踪信息。如果后续收到 Bolt 发送的跟踪消息，则会触发 Acker 发送 ACKER_FAIL_STREAM_ID 的消息。

Ack 框架的执行过程可以用图 4-19 来简要说明。

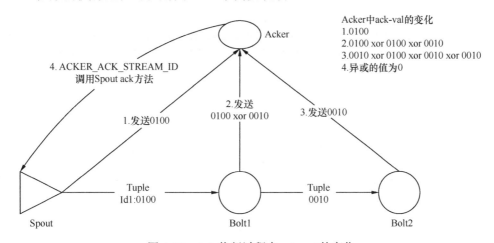

图 4-19　Ack 执行过程中 ack-val 的变化

在图 4-19 中，ack-val 的变化过程如下。

（1）Spout 产生了一个 Tuple，其初始的消息 ID 为 0100，Spout 同时将该消息 ID 发送给了 Acker 和 Bolt1。

（2）Bolt1 收到 Spout 发送过来的消息 ID 为 0100 的消息，经过处理后，产生了新的消息，消息 ID 为 0010，Bolt1 就将 0100 xor 0010 的结果发送给了 Acker。

(3) Bolt2 收到 Bolt1 的消息，处理完后，没有后续的消息产生，则直接将 Bolt1 的消息 ID 转发给了 Acker。

(4) Acker 中，此时 ack-val 值已经为 0，因此在 StreamId 为 ACKER_ACK_STREAM_ID 的流上发送相应的消息。Spout 收到消息后，调用 Spout 的 ack 方法，完成整个消息流的 ack 操作，确认所有的消息都被正确处理了。

4.8.2　Acker Bolt

Acker Bolt 属于 System 的组件，由系统创建（参见 4.6.2 节），用于跟踪消息以及该消息派生出来的消息是否被完全处理。前面章节介绍了 Ack 框架的工作过程，这里再详细看一下 Acker Bolt 具体相关的代码，来更加深入地了解一下 Ack 过程。Acker Bolt 的核心方法就是 mk-acker-bolt，其代码如下：

```
(defn mk-acker-bolt []
  (let [output-collector (MutableObject.)
        pending (MutableObject.)]
    (reify IBolt
      (^void prepare [this ^Map storm-conf ^TopologyContext context ^OutputCollector collector]
        (.setObject output-collector collector)
        ;; 用 RotatingMap 来存储每一个从 Spout 发送出来的消息的 RootId 和该消息对应的
        ;; ack 值。RotatingMap 主要超时后可以执行相应的回调函数，这里是删除 RootId
        (.setObject pending (RotatingMap. 2))
        )
      (^void execute [this ^Tuple tuple]
        (let [^RotatingMap pending (.getObject pending)
              stream-id (.getSourceStreamId tuple)]
          (if (= stream-id Constants/SYSTEM_TICK_STREAM_ID)
            ;; 执行 rotate 方法会删除超时的 RootId。如果后续来了删除的 RootId 的 ack 消息，
            ;; ack 值也不可能为 0。Spout 也收不到相应的消息，则 Spout 会触发自己的消息超时机制
            (.rotate pending)
            (let [id (.getValue tuple 0)
                  ^OutputCollector output-collector (.getObject output-collector)
                  curr (.get pending id)
                  curr (condp = stream-id
                         ;;初始化该 RootId 的相关数据，将<RootId,ack 值>放入 pending 中
                         ACKER-INIT-STREAM-ID (-> curr
                                                  (update-ack (.getValue tuple 1))
                                                  (assoc :spout-task (.getValue tuple 2)))
                         ;; 更新 ack 值
                         ACKER-ACK-STREAM-ID (update-ack curr (.getValue tuple 1))
                         ;; 收到了 fail 消息
```

```
                           ACKER-FAIL-STREAM-ID (assoc curr :failed true))]
              (.put pending id curr)
              (when (and curr (:spout-task curr))
                ;; ack-val 为 0，所有消息执行成功
                (cond (= 0 (:val curr))
                      (do
                        (.remove pending id)
                        ;; 将 RootId 发送给 Spout
                        (acker-emit-direct output-collector
                                           (:spout-task curr)
                                           ACKER-ACK-STREAM-ID
                                           [id]
                                           ))
                      (:failed curr)
                      (do
                        (.remove pending id)
                        ;; 执行失败，将 RootId 发送给 Spout
                        (acker-emit-direct output-collector
                                           (:spout-task curr)
                                           ACKER-FAIL-STREAM-ID
                                           [id]
                                           ))
                      ))
              ;; 对输入消息的 ack。Acker 收到的消息都没有跟踪，代码没有什么实际效果
              (.ack output-collector tuple)
              ))))
    (^void cleanup [this]
     )
    )))
```

mk-acker-bolt 方法中调用了 update-ack，update-ack 的逻辑很简单，就是把 pending 中拥有同一个 RootId 的保存的 ack_val 和新收到的 ack_val 进行异或操作，其代码如下：

```
(defn- update-ack [curr-entry val]
  (let [old (get curr-entry :val 0)]
    (assoc curr-entry :val (bit-xor old val))
    ))
```

4.9 Storm 总体架构

通过前面几节的介绍，对 Storm 的内部工作机制和原理有了一个比较详细的了解，在本节中，通过一张 Storm 总体架构图（如图 4-20 所示）对本章的内容做一个简要的回顾。

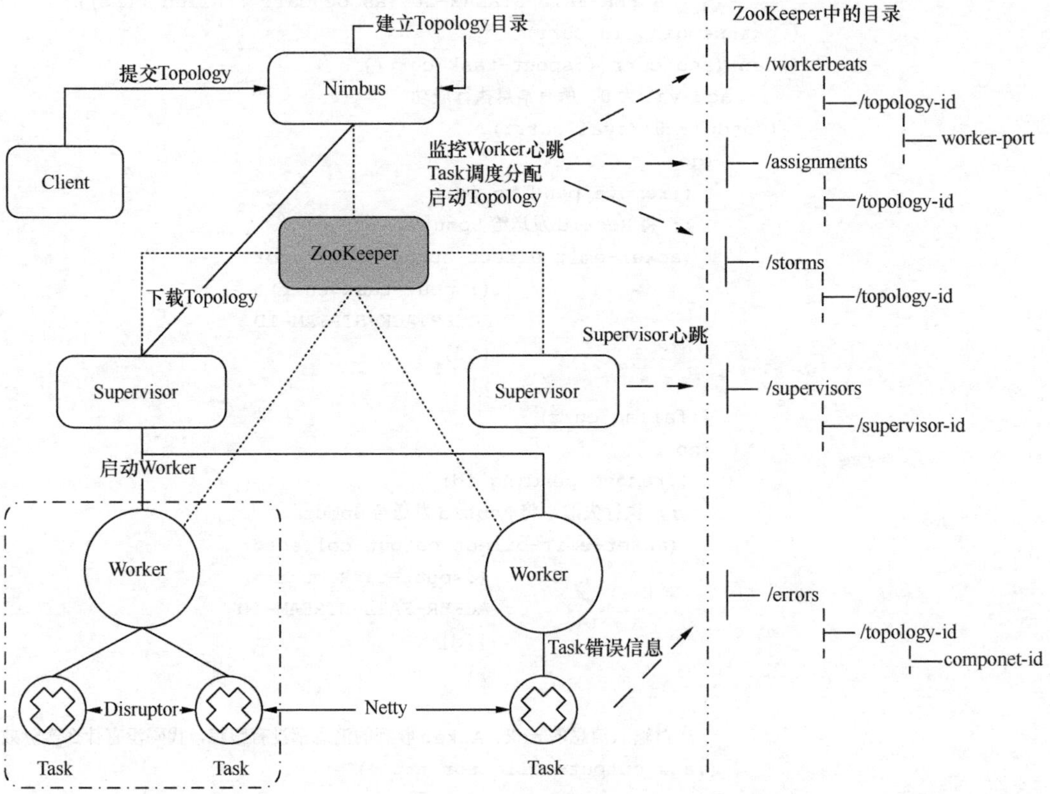

图 4-20　Storm 总体架构图

客户端提交 Topology 代码到 Nimbus。Nimbus 针对该 Topology 建立本地的目录，Nimbus 中的调度器根据 Topology 的配置计算 Task，并把 Task 分配到不同的 Worker 上，调度的结果写入 ZooKeeper 中。ZooKeeper 上建立 assignments 节点，存储 Task 和 Supervisor 中 Worker 的对应关系。在 ZooKeeper 上创建 workerbeats 节点来监控 Worker 的心跳。Supervisor 去 ZooKeeper 上获取分配的 Tasks 信息，启动一个或者多个 Worker 来执行。每个 Worker 上运行多个 Task，Task 由 Executor 来具体执行。Worker 根据 Topology 信息初始化建立 Task 之间的连接，相同 Worker 内的 Task 通过 DisrupterQueue 来通信，不同 Worker 间默认采用 Netty 来通信，然后整个 Topology 就运行起来了。

第 5 章

Storm 运维和监控

在实际的生产环境中，日志系统的回流速度突发飙高，超出预估的高峰值，或者 Kafka 等消息队列、Storm 本身、数据库等集群也不可能百分之百稳定，任何一个环节出问题，都会造成 Storm 消息堆积，系统的实时性会降低。实时系统对运维和监控的要求比离线系统更高。本章将介绍一些常用的监控方法：通过安装 Ganglia 等监控系统完成对集群状况的监控；通过在具体的 Storm 应用中增加相应的日志和数据的采集，实现应用级的监控。

5.1 主机信息监控

Ganglia 是一个跨平台可扩展的，高性能计算系统下的分布式监控系统。它基于分层设计，使用了广泛的技术，如 XML 数据描述、XDR 紧凑便携式数据传输、RRDtool 用于数据存储和可视化。它利用精心设计的数据结构和算法实现了单节点间低并发。它已移植到广泛的操作系统和处理器架构上，目前，世界各地成千上万的集群正在使用 Ganglia。Ganglia 可以监视和显示集群中节点的各种状态信息，比如：CPU、内存、硬盘利用率、I/O 负载、网络流量情况等，同时可以将历史数据以曲线方式通过 PHP 页面呈现。我们可以利用 Ganglia 来监控 Storm 主机的信息，图形方式展示的集群基本信息如图 5-1 所示。

由于 Storm 集群中有相应的 Nimbus 和 Supervisor 进程需要监控，可以使用另外一个常用的监控系统 zabbix 来完成，每当发现 Nimbus、Supervisor、UI 和 Log Viewer 进程挂掉后，可以重启并报警。

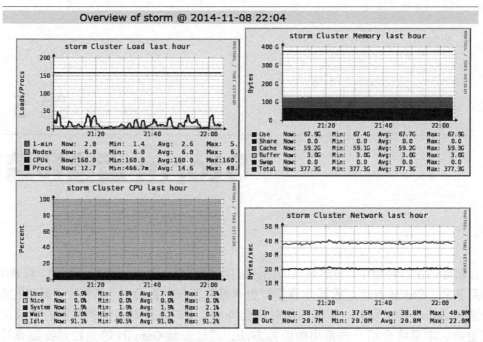

图 5-1　Ganglia 监控的集群基本信息

5.2　日志和监控

刚开始开发 Storm 应用，开发者一般先通过本地模式调试，再提交到集群模式。如果提交失败，可以在 Nimbus 的 logs 目录中查看 Nimbus.log，定位具体的失败原因，提交成功的日志如图 5-2 所示。

```
2014-09-01 09:51:45 b.s.d.nimbus [INFO] Uploading file from client to /home/storm/storm-0.9.0.1/data/nimbus/inbox/stormjar-6a3522b3-1235-4efd-9079-f85214ce3dfe.jar
2014-09-01 09:51:47 b.s.d.nimbus [INFO] Finished uploading file from client: /home/storm/storm-0.9.0.1/data/nimbus/inbox/stormjar-6a3522b3-1235-4efd-9079-f85214ce3dfe.jar
2014-09-01 09:51:47 b.s.d.nimbus [INFO] Received topology submission for realtime_intention with conf {"storm.id" "realtime_intention-89-1409536307", "storm.zookeeper.session.timeout" 60000, "nimbus.host" "storm-nimbus", "storm.zookeeper.servers" ["storm-nimbus" "storm-supervisor01" "storm-supervisor02" "storm-supervisor03" "storm-supervisor04"], "topology.acker.executors" 4, "topology.kryo.decorators" (), "topology.name" "realtime_intention", "topology.max.spout.pending" 1024, "storm.zookeeper.retry.interval" 1000, "topology.kryo.register" nil, "topology.message.timeout.secs" 200, "topology.workers" 32, "nimbus.thrift.port" 6627, "storm.zookeeper.retry.times" 10, "topology.max.task.parallelism" 80}
2014-09-01 09:51:47 b.s.d.nimbus [INFO] Activating realtime_intention: realtime_intention-89-1409536307
2014-09-01 09:51:48 b.s.s.EvenScheduler [INFO] Available slots: (["00e2cb2a-13f5-4e38-bfc6-2cab4ccd0eee" 6707] ["00e2
```

图 5-2　Nimbus.log 中提交成功的日志

当在集群模式调试时，通过 Storm UI 来监控和调试相关应用，但是有时 Storm UI 不能满足有些需求，这时，我们需要一些其他的方式来监控和查看应用。本章后面将介绍以

Storm Metric、ZooKeeper 目录以及 Hook 等方式帮助我们完成一些深入的调试和监控。

当 Storm 应用在集群模式运行时，可以通过如图 5-3 所示的 Storm UI 查看状态，各种打印出来的日志可以直接在 Spout 和 Bolt 的端口数字对应的链接中看到（由 Log Viewer 来读取和展示）。

Name	id	Status	Uptime	Num workers	Num executors	Num tasks
user_profile	user_profile-31-1401348806	ACTIVE	1m 13s	4	9	9

Topology actions

Activate Deactivate Rebalance Kill

Topology stats

Window	Emitted	Transferred	Complete latency (ms)	Acked	Failed
10m 0s	11560	12700	2028.180	8800	0
3h 0m 0s	11560	12700	2028.180	8800	0
1d 0h 0m 0s	11560	12700	2028.180	8800	0
All time	11560	12700	2028.180	8800	0

Spouts (All time)

id	Executors	Tasks	Emitted	Transferred	Complete latency (ms)	Acked	Failed	Last error
kafka_reader	1	1	10120	10120	2028.180	8800	0	

Bolts (All time)

id	Executors	Tasks	Emitted	Transferred	Capacity (last 10m)	Execute latency (ms)	Executed	Process latency (ms)	Acked	Failed	Last error
get_usertrack	1	1	1140	2280	0.278	0.314	9740	0.203	9740	0	
save_useraction	1	1	0	0	0.595	10.900	600	8.800	600	0	
save_userprofile	1	1	0	0	0.025	33.000	20	3047.000	20	0	

图 5-3 Storm UI

在集群上可以设置日志等级，来决定网页上输出的是 INFO 级日志还是 ERROR 级日志。另外，也可以通过文件 I/O 来决定在每一个 Supervisor 上输出的日志。

5.3 Storm UI 和 NimbusClient

Storm UI 通过 Nimbus 获取 ZooKeeper 上的各种统计信息显示在网页上。

```
Map stormConf = Utils.readStormConfig();
stormConf.putAll(conf);
NimbusClient client = NimbusClient.getConfiguredClient(stormConf);
ClusterSummary cs = client.getClient().getClusterInfo();
int toposize=cs.get_topologies_size();
List<TopologySummary> topologies = cs.get_topologies();
for(int i =0;i<topologies.size();i++){
    TopologySummary ts = topologies.get(i);
    String tid = ts.get_id();
    String tname = ts.get_name();
    String tstatus= ts.get_status();
    int exenum= ts.get_num_executors();
    int tasknum = ts.get_num_tasks();
```

```
            int workernum = ts.get_num_workers();
            int time = ts.get_uptime_secs();
            System.out.println(tid + ";" + tname + ";" + tstatus + ";" + exenum+ ";" + tasknum
 + ";" + workernum + ";" + time);
        }
```

同样，我们也可以调用 NimbusClient 的 Thirft 接口获取相应 UI 上的数据（比如当前整个集群发送的数据量，每个 Topology 的发送的数据量等），也可以对数据进行处理后展示，如图 5-4 所示。

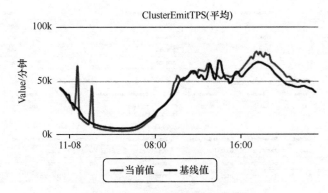

图 5-4　集群中发射的数据量情况

实现的代码可以参考 https://github.com/xinchun-wang/storm-util/blob/master/src/main/java/com/dianping/cosmos/monitor/Topology/ClusterInfoBolt.java。

5.4　Storm Metric 的使用

Storm Metric 类似于 Hadoop 的 Counter，用于收集应用程序中的特定指标，输出到外部。在 Storm 中是存储到各个机器 `logs` 目录下的 `metric.log` 文件中。有时我们想保存一些计算的中间变量，当达到一定状态时，统一在一个位置输出，或者统计整个应用的一些指标，Metric 是个很好的选择。如果在 Bolt 类中存储变量，只能统计该 Bolt 的一些信息，无法取到其他 Bolt 的状态信息。用户可以直接使用 `LoggingMetricsConsumer` 类，将统计指标写入 `metric.log`，也可以自定义监听类进行监听，自定义监听类只要实现 `IMetricsConsumer` 接口，这些类可以通过函数 `registerMetricsConsumer` 注册，也可以在配置文件 `storm.yaml` 中注册。我们定义一个 `MonitorKafkaLogConsumer` 的自定义类。

```
import org.slf4j.Logger;
import org.slf4j.LoggerFactory;
```

```java
import java.util.Collection;
import java.util.Map;
import backtype.storm.metric.api.IMetricsConsumer;
import backtype.storm.metric.api.IMetricsConsumer.DataPoint;
import backtype.storm.metric.api.IMetricsConsumer.TaskInfo;
import backtype.storm.task.IErrorReporter;
import backtype.storm.task.TopologyContext;

public class MonitorKafkaLogConsumer implements IMetricsConsumer {
    public static final Logger LOG =
        LoggerFactory.getLogger(MonitorKafkaLogConsumer.class);
    public void handleDataPoints(TaskInfo taskInfo, Collection<DataPoint> dataPoints) {
        StringBuilder sb = new StringBuilder();
        for (DataPoint p : dataPoints) {
            sb.append(p.name)
                .append(":")
                .append(p.value);
            LOG.info(sb.toString());
        }
    }
}
```

然后把 `MonitorKafkaLogConsumer` 注册到 `registerMetricsConsumer` 中。

```java
Config conf = new Config();
//输出统计指标值到日志文件中
conf.registerMetricsConsumer(MonitorKafkaLogConsumer.class, 5);
StormSubmitter.submitTopology(args[0], conf, builder.createTopology());
```

最后，在具体业务的 **Bolt** 中加入需要统计的值，比如统计用户的访问次数。

```java
import java.util.Map;
import backtype.storm.metric.api.CountMetric;
import backtype.storm.metric.api.MultiCountMetric;
import backtype.storm.task.TopologyContext;
import backtype.storm.topology.BasicOutputCollector;
import backtype.storm.topology.OutputFieldsDeclarer;
import backtype.storm.topology.base.BaseBasicBolt;
import backtype.storm.tuple.Tuple;

public class MonitorUserActionBolt extends BaseBasicBolt
{
    transient MultiCountMetric userProfileStatMetric;
    private static final String USER_ACTION_BROWSE = "Bro"; //浏览行为

    public void prepare(Map stormConf, TopologyContext context) {
        super.prepare(stormConf, context);
```

```
            userProfileStatMetric = new MultiCountMetric();
            //每10秒统计一下浏览行为的次数
            context.registerMetric("useraction_count", userProfileStatMetric, 10);
        }

        public void updateUserActionMetric(UserActionTuple userAction){
            if(userAction.getUserType().equalsIgnoreCase(USER_ACTION_BROWSE)){

                CountMetric broCount =userProfileStatMetric.scope(USER_ACTION_BROWSE);
                broCount.incr();
            }

        }

        public void execute(Tuple input, BasicOutputCollector collector)
        {
            Object msg = input.getValueByField("trackInfos");
            //用户行为的自定义类
            UserActionTuple userAction = (UserActionTuple)msg;
            updateUserActionMetric(userAction);
        }
        ...
}
```

这样，通过 Metric 信息可以将所关心的业务指标数据提取出来，发送到相应的系统中，用于监控和报警。如图 5-5 所示的所有的 APP 的实时 DAU 每分钟总和的展示也是通过 Metric 实现的，被用在大众点评的综合业务监控系统 Cat 中，其 GitHub 地址为 https://github.com/dianping/cat。

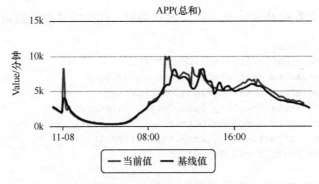

图 5-5　APP 的实时 DAU 每分钟的总和

5.5　Storm ZooKeeper 的目录

ZooKeeper 是一个针对大型分布式系统的可靠协调服务系统，其采用类似 Unix 文件系统树形层次结构的数据模型（如/zoo/a、/zoo/b），节点内可存储少量数据（一般小于 1 MB，当节点存储大数据量时，实际应用中可能会出现同步问题）。

在很多分布式软件中，主从之间的协同很多是直接交互的，比如，Hadoop V1 中，JobTracker 和 TaskTracker 的交互是直接通过心跳完成的；在 Hadoop V2 中，资源管理器（resource manager）和节点管理器（node manager）也是直接交互。而在 Storm 中，主从之间的交互，主要是通过 ZooKeeper 交互的，Task 通过 ZooKeeper 领取任务，并且定期发送心跳给 ZooKeeper，Nimbus 通过 ZooKeeper 上的状态信息来分配信息，如图 5-6 所示。

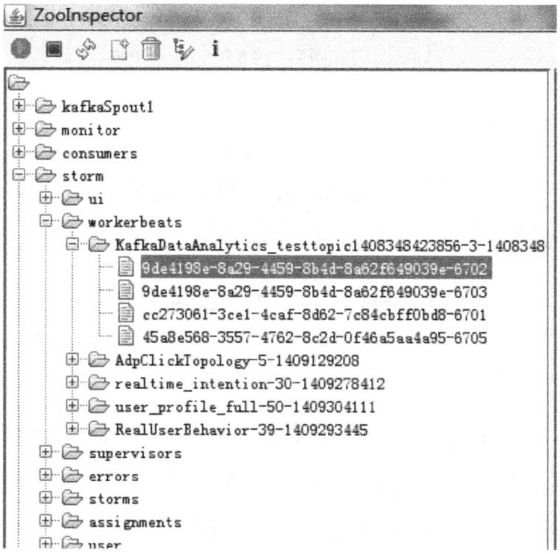

想要获取和监控ZooKeeper 上的相关状态，可以创建一个 ZooKeeper 实例。

图 5-6　ZooKeeper 上的状态信息

```java
import java.io.IOException;
import java.util.Iterator;
import java.util.Map;

import org.apache.ZooKeeper.KeeperException;
import org.apache.ZooKeeper.Watcher;
import org.apache.ZooKeeper.ZooKeeper;
import backtype.storm.utils.Utils;

public class ZKUtils {
    //会话超时时间，设置为与系统默认时间一致
    private static final int SESSION_TIMEOUT=30000;

    // 创建 ZooKeeper 实例
    ZooKeeper zk;

    // 创建 Watcher 实例
    Watcher wh=new Watcher(){
        public void process(org.apache.ZooKeeper.WatchedEvent event)
        {
            System.out.println("zk:" + event.toString());
        }
    };

    // 初始化 ZooKeeper 实例
```

```java
public ZooKeeper createZKInstance(String ips) throws IOException
    {
        zk=new ZooKeeper(ips,ZKUtils.SESSION_TIMEOUT,this.wh);
        return zk;
    }
}
```

在读取 Kafka 消息时,需要设置 SpoutConfig 类的 zkRoot 变量,保存读取 Kafka 的偏移量,以便重新提交应用时,从上次的偏移量开始,继续获取消息。

```
{"Topology":{"id":"d359169c-e93c-44dc-bc0b-9fe46733698c","name":"user_stat_full"},
"offset":32534,"partition":0,"broker":{"host":"storm-Supervisor-01","port":9092},"top
ic":"tracker"}
```

但是在很多实时项目的场景中,允许历史消息丢失,不需要补上之前的消息,但需要每次获取最新时间的消息,那么我们可以在代码中删掉 ZooKeeper 的 zkRoot 目录,以保证程序每次都获取最新的消息。

```java
String name = "user_profile";
spoutConfig.forceFromStart = false;
String zkRoot = "/consumers/" + name;
spoutConfig.zkRoot=zkRoot;

ZKUtils dm=new ZKUtils();
try{
    ZooKeeper zk = dm.createZKInstance( zkhosts );
    zk.delete(zkRoot, -1);
}catch(Exception e){
    System.out.println("e:"+e.getMessage());
}
```

5.6 Storm Hook 的使用

开发 Windows 应用,可以通过钩子函数捕捉自己进程和其他进程发送的事件。同样 Storm 也提供了类似的机制,可以捕捉每个 Task 的一些状态消息。用户新建一个类 TraceTaskHook,使它继承自 BaseTaskHook 类,将 TraceTaskHook 赋值给 storm-conf 的 TOPOLOGY-AUTO-TASK-HOOKS,然后通过覆盖 BaseTaskHook 的相关方法获取 Task 的相关状态信息。

```java
import java.util.Collection;
import java.util.Iterator;
import java.util.List;

import backtype.storm.hooks.BaseTaskHook;
```

```java
import backtype.storm.hooks.info.BoltAckInfo;
import backtype.storm.hooks.info.BoltExecuteInfo;
import backtype.storm.hooks.info.EmitInfo;

public class TraceTaskHook extends BaseTaskHook{
    @Override
    public void boltExecute(BoltExecuteInfo info) {
        System.out.println("executingTaskId:"+info.executingTaskId);
        System.out.println("executeLatencyMs:"+info.executeLatencyMs);
        System.out.println("execute msg:"+info.tuple.getString(0));
    }

    @Override
    public void boltAck(BoltAckInfo info) {
        System.out.println("ackingTaskId:"+info.ackingTaskId);
        System.out.println("processLatencyMs:"+info.processLatencyMs);
        System.out.println("ack msg:"+info.tuple.getString(0));
    }
```

第 6 章

Storm 的扩展

在目前的大数据解决方案中，Hadoop 最流行、最成功，然而鉴于其对实时性不能提供很好的满足，出现了 Storm 等实时计算平台。因此可以说 Storm 的出现其实是要弥补 Hadoop 的不足，而非取代 Hadoop。而在一般的大数据应用中，基本上都是离线计算和实时计算并存，实时计算为快速决策提供依据，Hadoop 为最终汇总统计。

流计算作为一个计算平台，和 Hadoop 类似，其上会运行不同业务的应用，当集群的规模比较大、上面运行很多的应用时，对集群的管理就越发显得重要。Storm 提供了详尽的 UI 用于显示集群的状态、应用的状态、日志等信息，然而对于一个面向整个公司的平台而言，这是远远不够的。虽然整个 Storm 社区非常活跃，但是对一个平台来说，不停地升级显然也不是非常明智的事情，引入了新功能却也引入了未知的其他问题。

针对 Storm 集群上线之后，共用集群带来的一些问题，1 号店对 Storm 进行了一些定制，包括进程的守护、监控和报警、UI 的二次开发、资源隔离等。下面将简要介绍 UI 的二次开发。

6.1 Storm UI 的扩展

Storm 本身自带了可以管理的 Storm UI，其数据框架如图 6-1 所示。

当客户端通过浏览器访问 Storm UI 时，会向 Storm UI Core 发送 HTTP 请求，Storm UI Core 进程响应来自浏览器的请求，并通过 Thrift 接口和 Storm Nimbus 进行通信获取到整个 Storm 集群的状态，然后将结果格式化成 HTML 文本，最终返回给客户端。

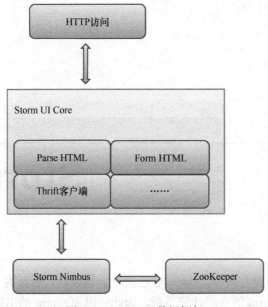

图 6-1　Storm UI 数据框架

6.1.1　Storm UI 原生功能

在第 2 章中，我们知道原生 Storm UI 已经提供了非常强大的功能。
- 可以查看到集群的容量以及可用的 Slot。
- 查看各 Supervisor 节点的状态。
- 查看 Storm 的配置。
- 查看集群中 Topology 的所有运行状态、统计信息。
- 查看运行中的 Topology 是否出错以及具体的错误等信息。
- 能够通过 UI 对 Topology 进行控制：active、deactive、kill、rebalance。

6.1.2　Storm UI 新功能需求

Storm 集群是一个统一的实时计算平台，各业务相关都需要登录检查对应的 Topology 的运行状况，在实际工作中我们发现以下需求也是需要的。
- 在 Storm 集群上提交 Topology 时，只能将 JAR 包文件上传到 Nimbus 所在的服务器上，并登录到该服务器，运行 Storm 命令进行提交。提交 Topology 后，将其 Topology ID、名字等记录起来，以方便后面针对 Topology 进行的资源隔离等。
- Storm 集群上有数以千计的 Topology，对于集群管理者而言，光靠记忆是不够的。

- 任何能够访问 Storm UI 的人都能够对任何的 Topology 进行 `active`、`deactive`、`kill`、`rebalance` 操作，对于 Topology 的业务开发者而言这显然是不期望的。这个需求将涉及用户、权限等问题。
- 对 Topology 的一些操作应该有专门的记录，包括操作的动作、时间点、操作者以及从哪些机器上发起了什么操作等，以便于后续的核查。
- 每次刷新页面都要对 Nimbus 进行一次重新读取，这将增加 Nimbus 和 ZooKeeper 的负担，完全可以将 UI 上的信息缓存起来，并以一定的间隔进行被动更新。
- 当集群中的 Topology 在运行过程中存在错误时，应该能够主动提醒该业务的开发者，而不需要业务开发者时刻都去检查 Topology 的状态。
- 针对集群中的 Topology，对其调用量进行监控，对比同一时间点不同日期，当出现较大的差异时，主动提醒业务开发者。

由于原生的 Storm UI 是动态生成的 HTML 页面，当需要在其上增加功能时，要么修改 Storm UI 源码并重新编译，要么完全重新实现一个 Storm UI 同时加上期望的功能，以替换原生的 Storm UI。

修改原生的 Storm UI 并在其后将源码贡献到社区中是个不错的选择，但是也对开发者有较高的要求；相反的，若重新实现一个 Storm UI 则需要熟悉 Thrift，这大大增加了工作量。

6.1.3　Storm 的 Thrift 接口

Storm Nimbus 提供了一系列接口，以便获取 Storm 集群的状态，以下将简单介绍这些 Thrift 接口。在 `storm-core` 源码包中，文件 `storm.thrift` 详细记录了 Storm 支持的所有 Thrift 接口。文件的 `service` 部分即为提供的 Thrift 接口，接口分成两类：针对集群和 Topology 的接口以及针对 DRPC 的接口。表 6-1 对针对集群和 Topology 的部分 Thrift 接口进行了描述。

表 6-1　Storm Thrift 接口

Thrift 接口	备　　注
`submitTopology`	用于向 Storm 集群提交 Topology
`killTopology`	撤销一个 Topology
`activate`	对一个 Topology 进行 `active` 动作
`deactivate`	对一个 Topology 进行 `deactive` 动作
`rebalance`	对一个 Topology 的 Task 进行重新调整时，该调用才会有效（该 API 并不是纯粹调整个 Task 在整个集群中的分布）

`beginFileUpload`
`UploadChunk`
`finishFileUpload`
	向 Nimbus 提交 Topology 的 JAR 文件时，需要依次调用这 3 个接口

Thrift 接口	备注
getNimbusConf	获取 Storm Nimbus 配置信息
getClusterInfo	获取 Storm 集群信息
getTopologyInfo	获取某个 Topology 信息
getTopologyConf	获取某个 Topology 的配置情况
getTopology	获取集群中 Topology 的信息

6.2 资源隔离

鉴于 Storm 是作为一个平台提供给不同的业务共同使用，可能会出现某个 Topology 由于 bug 大量占用了集群的 CPU、网络、I/O 而导致其他 Topology 却分配不到系统资源的状况，因此对不同的业务进行资源隔离显然是必须的。当前，开源世界里有很多的资源隔离方案，如 CGroup、LXC、Docker、Mesos、Lmctfy、YARN 及 StormOnYarn、Omega 等。

虽然各种调度策略层出不穷，但从架构上来说，这些资源调度方案其实都是为封装 CGroup 而提供的不同解决方案。

- CGroup 是由 Google 的工程师提出，后来被整合进内核的一种可以限制、记录、隔离进程组（process groups）所使用的物理资源（如 CPU、内存、I/O 等）的机制。
- LXC 是封装自 CGroup 的虚拟化技术，提供轻量级的虚拟化，以便隔离进程和资源。
- Docker 是封装自 LXC 的开源的虚拟化技术，相比 LXC，Docker 提供了更丰富、更高级、更贴近应用程序的功能。（目前 Docker 社区非常活跃，是一个值得关注的通用容器。）
- Lmctfy 是 2013 年 Google 开源的容器技术，当前只提供了内存和 CPU 的隔离。
- YARN 是 Hadoop 2.0 中提供的资源管理系统，通过 StormOnYarn，我们可以让 Storm、Hadoop、Spark 等共同运行在同一套集群上，做到实时计算和离线计算的物理资源共享（离线计算一般多设置在访问量偏低时进行，而实时计算在访问量高峰时将最大化消息系统资源，所以理论上这两种计算模型能够并行运行在一套物理集群上，带来的好处是能够将其他的服务器资源用于集群的扩展等，从这个角度考虑还是非常值得期待的）。只是基于 StormOnYARN，我们还需要做更多的封装和编码工作，并不是一个部署即能完全满足需求的产品。
- Omega 是 Google 2013 年论文中讨论的未开源的集群管理系统。

综合现有的资源隔离方案，就我们的需求而言，我们认为直接封装 CGroup 进行资源隔离是更简单有效的方案。

6.2.1 CGroup 测试

CGroup 提供了一些子系统。
- `cpu`：可以限制使用 CPU 权重。
- `memory`：可以限制内存使用量。
- `blockio`：限制 I/O 速率。
- `cpuset`：基于 CPU 核心进行限制（限制可以使用哪些核）。
- `cpuacct`：记录进程组使用的资源数量（CPU 时间）。
- `device`：允许或者拒绝 CGroup 中的任务访问设备。
- `frezzer`：可以控制进程挂起或者恢复（挂起后可以释放资源）。
- `ns`：名称空间子系统。
- `net_cls`：可用于标记网络数据包，它不直接控制网络读写。
- `net_proi`：可用于设置网络设备的优先级。

在 Storm 平台这个应用中，整个 Storm 平台将被所有业务的 Topology 共同使用，同时系统上还可能运行 Storm 之外的其他程序。因此我们比较关注的信息如下。

（1）不希望 CPU 被某个 Topology 或者 Storm 全部使用。

（2）对 Storm 上应用使用的内存进行限制（我们可以通过设置 Storm 中 Worker 进程的内存来限制 Topology 能够使用的内存，但是 Storm 使用操作系统所有的内存甚至是交换分区不是我们期待的）。

（3）网络流量限制和磁盘读写限制。

下面将对部分使用到的子系统进行测试，以验证其可行性。

1. CGroup 的安装

安装 CGroup：

```
yum install -y libcgroup
chkconfig --add cgconfig
```

启动 CGroup：

```
service cgconfig start
```

检查 CGroup：

```
chkconfig -list cgconfig
service cgconfig status
```

图 6-2 显示 CGroup 服务将随操作系统启动，同时已经处于运行状态中。

```
[deploy@storm-nimbus storm-0.9.0.1]$ chkconfig --list cgconfig
cgconfig        0:off   1:off   2:on    3:on    4:on    5:on    6:off
[deploy@storm-nimbus storm-0.9.0.1]$ service cgconfig status
Running
```

图 6-2 CGroup 状态

使用 `chkconfig` 命令的 `list` 参数可以看到 Linux 中已经部署的 CGroup 服务。

使用 `chkconfig` 命令可以知道，当操作系统处于某个状态时该服务启动或者停止。

- 0：表示关机。
- 1：单用户模式。
- 2：无网络连接的多用户命令行模式。
- 3：有网络连接的多用户命令行模式。
- 4：不可用。
- 5：带图形界面的多用户模式。
- 6：操作系统重启。

CGroup 服务启动后，会在根目录下生成 /cgroup 的目录，如图 6-3 所示。

```
[root@storm-nimbus ~]# ll /cgroup/
total 0
drwxr-xr-x 2 root root 0 Dec 11 18:23
drwxr-xr-x 2 root root 0 Dec 11 18:23
drwxr-xr-x 2 root root 0 Dec 11 18:23
drwxr-xr-x 2 root root 0 Dec 11 18:23
drwxr-xr-x 2 root root 0 Dec 11 18:23
drwxr-xr-x 2 root root 0 Dec 11 18:23
[root@storm-nimbus ~]#
```

图 6-3 CGroup 目录结构

每个子系统分别对应一个控制项。

2. CGroup 的目录结构

在 /cgroup 下，分别对应着 CGroup 的各个子系统，各子系统下会存在多个配置文件，其中每个子系统中均会存在以下配置文件。

- `cgroup.procs`：文件内容为受到该 CGroup 子系统控制的进程 ID。
- `notify_on_release`：设置为 1 时，且当该子系统的最后一个进程不受该子系统控制时，将会触发 release_agent 指定的内容。
- `release_agent`：文件内容为可执行文件、命令等。
- `tasks`：文件内容为受到该 CGroup 子系统控制的线程 ID。

操作 CGroup，可以通过文本编辑器（如 vi）对虚拟文件系统直接进行测试，或者通过 CGroup 提供的命令行进行测试。图 6-4 显示了 CGroup 的命令。

图 6-4　CGroup 命令

在本章中，我们通过直接操作文件的形式进行测试。

3. 使用 CGroup 管理 CPU 资源

首先写一个比较耗 CPU 的程序。

```
#include <stdio.h>
#include <stdlib.h>
int main(void){
    while (1){
    }
    return 1;
}
```

编译该示例代码并运行，如图 6-5 所示。

图 6-5　运行 CPU 消耗程序

查看 CPU 使用状况，如图 6-6 所示。可以发现在单核 CPU 上的使用率为 100%。

图 6-6　CPU 使用状况

接下来尝试使用 CGroup 对其进行限制。首先创建 CPU 控制组 test，并查看创建后的信息，如图 6-7 所示。

```
[root@storm-nimbus ~]# mkdir /cgroup/cpu/test
[root@storm-nimbus ~]# ls /cgroup/cpu/test/
cgroup.event_control   cpu.cfs_period_us   cpu.rt_period_us    cpu.shares   notify_on_release
cgroup.procs           cpu.cfs_quota_us    cpu.rt_runtime_us   cpu.stat     tasks
```

图 6-7　CGroup CPU 测试进程组信息

设置该组 test 的 CPU 使用权重：假设限制其只能使用 60%的 CPU，则将 60000 写入文件 cpu.cfs_quota_us 中，如图 6-8 所示。

```
[root@storm-nimbus ~]# echo 60000 >> /cgroup/cpu/test/cpu.cfs_quota_us
[root@storm-nimbus ~]# cat /cgroup/cpu/test/cpu.cfs_quota_us
60000
```

图 6-8　CPU 权重配置

将需要做限制的进程 ID 写入 tasks 文件中，如图 6-9 所示。

```
[root@storm-nimbus ~]# ps -ef | grep a.out | grep -v grep
root      14383  1516 99 16:52 pts/0    00:10:53 ./a.out
[root@storm-nimbus ~]#
[root@storm-nimbus ~]# echo 14383 >> /cgroup/cpu/test/tasks
[root@storm-nimbus ~]# cat /cgroup/cpu/test/tasks
14383
[root@storm-nimbus ~]#
```

图 6-9　CGroup 之进程 CPU 限制

再次检查 CPU 使用率，如图 6-10 所示。可以发现，在写入后 CPU 限制即时生效。

```
[root@storm-nimbus ~]# top
top - 17:05:47 up 4 days,  2:50,  2 users,  load average: 1.04, 0.97, 0.58
Tasks: 208 total,   2 running, 205 sleeping,   0 stopped,   1 zombie
Cpu(s): 30.7%us,  1.0%sy,  0.0%ni, 68.3%id,  0.0%wa,  0.0%hi,  0.0%si,  0.0%st
Mem:   3792188k total,  3659184k used,   133004k free,   549436k buffers
Swap:  3932152k total,        0k used,  3932152k free,  1199940k cached

  PID USER      PR  NI  VIRT  RES  SHR S %CPU %MEM    TIME+  COMMAND
14383 root      20   0  3912  328  264 R 59.8  0.0  12:18.90 a.out
21292 root      20   0 15028 1272  920 R  0.3  0.0   0:00.01 top
    1 root      20   0 19348 1552 1244 S  0.0  0.0   0:00.45 init
    2 root      20   0     0    0    0 S  0.0  0.0   0:00.00 kthreadd
    3 root      RT   0     0    0    0 S  0.0  0.0   0:01.26 migration/0
    4 root      20   0     0    0    0 S  0.0  0.0   0:05.92 ksoftirqd/0
    5 root      RT   0     0    0    0 S  0.0  0.0   0:00.00 migration/0
    6 root      RT   0     0    0    0 S  0.0  0.0   0:00.24 watchdog/0
    7 root      RT   0     0    0    0 S  0.0  0.0   0:01.27 migration/1
    8 root      RT   0     0    0    0 S  0.0  0.0   0:00.00 migration/1
    9 root      20   0     0    0    0 S  0.0  0.0   0:05.91 ksoftirqd/1
```

图 6-10　CPU 使用状况

在上面的测试例子中，关于 CPU 控制还有一个重要的属性没有提到，即 cpu.shares，用于控制多个进程组之间可使用 CPU 的比例。如存在进程组 test1 和 test2，其 shares 分别设置为 3 和 7，则表示进程组 test1 中的所有进程能够使用的 CPU 时间的总和对比于 test2 为 3 比 7。上面示例中没有涉及多个组，因此没有设置该属性。

4. 使用 CGroup 控制内存资源

首先编写一个程序，使之循环申请 800 MB 内存。

```c
#include <stdio.h>
#include <stdlib.h>
#include <string.h>

#define MEM_LENGTH 1048576
#define MEM_MAX 800
int main(void){
    char *mem = NULL;
    int i = 0;
    for (;i < MEM_MAX; i++){
        mem = (char*) malloc(MEM_LENGTH);
        if (mem != NULL)
            memset(mem, 0, MEM_LENGTH);
        if (i == 10)
            sleep(60);
    }

    while (1){
        sleep(1);
    }
    return 1;
}
```

编译并运行内存消耗测试程序，如图 6-11 所示。

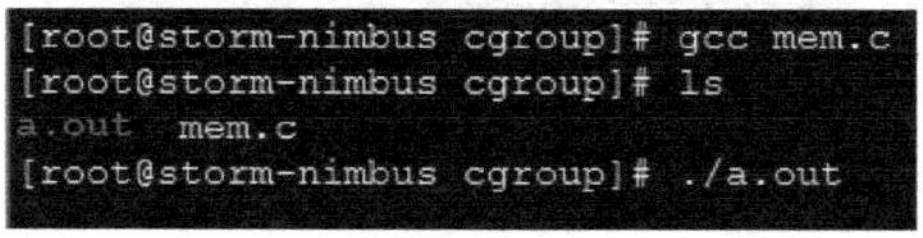

图 6-11　内存消耗测试程序运行

运行一段时间后，会发现该进程占用内存约为 800 MB 左右，如图 6-12 所示。

接下来尝试使用 CGroup 对其进行限制。创建 test 进程组并限制其最大能够使用内存为 100 MB（102 457 600 字节），如图 6-13 所示。

```
top - 18:03:03 up 4 days,  3:47,  3 users,  load average: 0.01, 0.04, 0.07
Tasks: 213 total,   1 running, 211 sleeping,   0 stopped,   1 zombie
Cpu(s):  0.2%us,  0.2%sy,  0.0%ni, 99.7%id,  0.0%wa,  0.0%hi,  0.0%si,  0.0%st
Mem:   3792188k total,  1299344k used,  2492844k free,    20408k buffers
Swap:  3932152k total,   578848k used,  3353304k free,    71668k cached

  PID USER      PR  NI  VIRT  RES  SHR S %CPU %MEM    TIME+  COMMAND
13193 root      20   0  806m 803m  308 S  0.0 21.7   0:00.54 a.out
 2573 root      20   0 2435m 103m 3528 S  0.0  2.8  58:53.93 java
 2811 root      20   0 1721m  11m  908 S  0.0  0.3   1:16.66 java
 2275 root      20   0 93728 5568  984 S  0.0  0.1   0:03.65 Xvnc
 2946 root      20   0 2112m 5384  908 S  0.0  0.1   1:17.01 java
 2909 root      20   0  448m 4248 2972 S  0.0  0.1   0:03.71 clock-applet
```

图 6-12　测试程序内存占用状况

```
[root@storm-nimbus ~]# cat /cgroup/memory/test/memory.limit_in_bytes
9223372036854775807
[root@storm-nimbus ~]# echo 104857600 > /cgroup/memory/test/memory.limit_in_bytes
[root@storm-nimbus ~]# cat /cgroup/memory/test/memory.limit_in_bytes
104857600
[root@storm-nimbus ~]#
```

图 6-13　配置进程组可使用内存

重新运行测试程序（如图 6-14 所示）并检查内存，如图 6-15 所示。

```
[root@storm-nimbus cgroup]# gcc mem.c
[root@storm-nimbus cgroup]# ls
a.out  mem.c
[root@storm-nimbus cgroup]# ./a.out
```

图 6-14　运行测试程序

```
top - 18:07:41 up 4 days,  3:51,  3 users,  load average: 0.06, 0.07, 0.07
Tasks: 213 total,   2 running, 210 sleeping,   0 stopped,   1 zombie
Cpu(s):  1.3%us,  0.2%sy,  0.0%ni, 98.5%id,  0.0%wa,  0.0%hi,  0.0%si,  0.0%st
Mem:   3792188k total,   533520k used,  3258668k free,    20920k buffers
Swap:  3932152k total,   629900k used,  3302252k free,    71740k cached

  PID USER      PR  NI  VIRT  RES  SHR S %CPU %MEM    TIME+  COMMAND
 2573 root      20   0 2435m  98m 3564 S  3.3  2.7  58:56.57 java
19543 root      20   0 15220  11m  308 S  0.0  0.3   0:00.00 a.out
 2811 root      20   0 1721m  11m  908 S  0.0  0.3   1:16.71 java
 2275 root      20   0 93728 5568  984 S  0.0  0.1   0:03.66 Xvnc
 2946 root      20   0 2112m 5384  908 S  0.3  0.1   1:17.06 java
 2909 root      20   0  448m 4248 2972 S  0.0  0.1   0:03.72 clock-applet
```

图 6-15　测试程序运行状况

在测试程序还没有完全申请内存时将其加入 CGroup 的内存控制中，如图 6-16 所示。

```
[root@storm-nimbus ~]# cat /cgroup/memory/test/tasks;\
>                     echo `ps -ef | grep a.out | grep -v grep | awk '{print $2}'`\
>                     > /cgroup/memory/test/tasks ;\
>                     cat /cgroup/memory/test/tasks
19543
[root@storm-nimbus ~]#
```

图 6-16　将测试进程添加到内存控制组

经过一段时间,可以发现被限制内存的进程组里面的进程被操作系统杀掉了,如图 6-17 所示。

图 6-17 测试程序运行状态

通过设置参数 memory.oom_disable 为 0 或 1(如图 6-18 所示),可以控制使用的内存超过限制的内存时是由操作系统杀死还是进程进入休眠状态。

图 6-18 OOM 处理设置

5. 使用 CGroup 控制可用 CPU 核心

首先编写一个测试程序,使之占用操作系统的多个核,同时 CPU 使用率均较高。

```
#include <stdio.h>
#include <stdlib.h>
#include <string.h>
#include <unistd.h>

#define PRO_MAX 3
int main(void){
    int i = 0;
    for(;i < PRO_MAX; i++){
        pid_t pid = fork();
        if (pid < 0){
            break;
        } else if (pid == 0){
            while (1){
            }
        }

    }

    while (1){
        sleep(1);
    }
```

```
    return 1;
}
```

编译并运行 cpuset 测试程序,如图 6-19 所示。

```
[root@storm-nimbus cgroup]# gcc cpuset.c
[root@storm-nimbus cgroup]# ./a.out
```

图 6-19　运行 CPUSET 测试程序

运行后,可以看到 CPU 使用率,如图 6-20 所示。

```
top - 19:06:08 up 4 days,  4:50,  4 users,  load average: 2.91, 2.85, 2.14
Tasks: 219 total,   4 running, 214 sleeping,   0 stopped,   1 zombie
Cpu0  :100.0%us,  0.0%sy,  0.0%ni,  0.0%id,  0.0%wa,  0.0%hi,  0.0%si,  0.0%st
Cpu1  : 99.3%us,  0.3%sy,  0.0%ni,  0.0%id,  0.0%wa,  0.0%hi,  0.3%si,  0.0%st
Mem:   3792188k total,   481188k used,  3311000k free,    29388k buffers
Swap:  3932152k total,   578324k used,  3353828k free,    73180k cached

  PID USER      PR  NI  VIRT  RES  SHR S %CPU %MEM    TIME+  COMMAND
15635 root      20   0  3912   84   12 R 97.4  0.0   0:56.98 a.out
15637 root      20   0  3912   84   12 R 50.0  0.0   0:29.20 a.out
15636 root      20   0  3912   84   12 R 49.7  0.0   0:29.45 a.out
 2573 root      20   0 2435m  95m 3576 S  2.6  2.6  59:27.54 java
16054 root      20   0 15028 1300  924 R  0.3  0.0   0:00.02 top
    1 root      20   0 19348  700  512 S  0.0  0.0   0:00.45 init
    2 root      20   0     0    0    0 S  0.0  0.0   0:00.00 kthreadd
    3 root      RT   0     0    0    0 S  0.0  0.0   0:01.29 migration/0
    4 root      20   0     0    0    0 S  0.0  0.0   0:06.09 ksoftirqd/0
    5 root      RT   0     0    0    0 S  0.0  0.0   0:00.00 migration/0
    6 root      RT   0     0    0    0 S  0.0  0.0   0:00.25 watchdog/0
```

图 6-20　CPU 使用率

设置进程组可以使用的 CPU 核心,如图 6-21 所示。

```
[root@storm-nimbus ~]# echo 0 > /cgroup/cpuset/test/cpuset.mems
[root@storm-nimbus ~]# echo 0 > /cgroup/cpuset/test/cpuset.cpus
[root@storm-nimbus ~]# cat /cgroup/cpuset/test/cpuset.cpus
0
[root@storm-nimbus ~]#
```

图 6-21　CPU 使用状率

将需要进行 CPU 核心限制的进程加入进程组中,如图 6-22 所示。

```
[root@storm-nimbus ~]# for i in `ps -ef | grep a.out | grep -v grep | awk '{print $2}'`;do\
>                   echo $i > /cgroup/cpuset/test/tasks ;\
>                   done
[root@storm-nimbus ~]# cat /cgroup/cpuset/test/tasks
15634
15635
15636
15637
[root@storm-nimbus ~]#
```

图 6-22　进程加入 CPUSET 进程组

进程加入 cpuset 进程组后,系统整体的 CPU 使用率情况如图 6-23 所示。

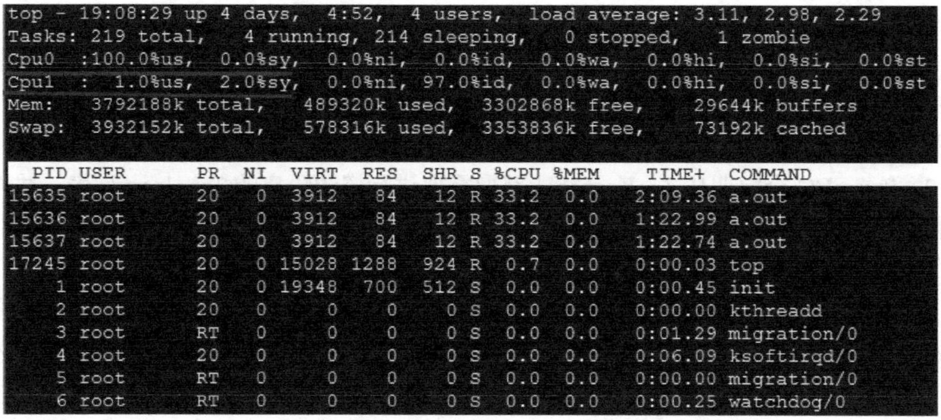

```
top - 19:08:29 up 4 days,  4:52,  4 users,  load average: 3.11, 2.98, 2.29
Tasks: 219 total,     4 running, 214 sleeping,   0 stopped,    1 zombie
Cpu0 :100.0%us,  0.0%sy,  0.0%ni,  0.0%id,  0.0%wa,  0.0%hi,  0.0%si,  0.0%st
Cpu1 :  1.0%us,  2.0%sy,  0.0%ni, 97.0%id,  0.0%wa,  0.0%hi,  0.0%si,  0.0%st
Mem:   3792188k total,   489320k used,  3302868k free,    29644k buffers
Swap:  3932152k total,   578316k used,  3353836k free,    73192k cached

  PID USER      PR  NI  VIRT  RES  SHR S %CPU %MEM    TIME+  COMMAND
15635 root      20   0  3912   84   12 R 33.2  0.0   2:09.36 a.out
15636 root      20   0  3912   84   12 R 33.2  0.0   1:22.99 a.out
15637 root      20   0  3912   84   12 R 33.2  0.0   1:22.74 a.out
17245 root      20   0 15028 1288  924 R  0.7  0.0   0:00.03 top
    1 root      20   0 19348  700  512 S  0.0  0.0   0:00.45 init
    2 root      20   0     0    0    0 S  0.0  0.0   0:00.00 kthreadd
    3 root      RT   0     0    0    0 S  0.0  0.0   0:01.29 migration/0
    4 root      20   0     0    0    0 S  0.0  0.0   0:06.09 ksoftirqd
    5 root      RT   0     0    0    0 S  0.0  0.0   0:00.00 migration/0
    6 root      RT   0     0    0    0 S  0.0  0.25 watchdog/0
```

图 6-23 进程加入 CPUSET 进程组

以上的几个测试简单测试了 cpu、memory、cpuset，这些子系统对一个共享使用的 Storm 平台而言是最需要的。对一个和其他系统运行在一起的平台，需要关注的还有磁盘读写、网络流量以及对进程的控制（frezzer）等。在做方案和测试时，应该针对具体的环境而定制适合的资源隔离方案。

6.2.2 基于 CGroup 的资源隔离的实现

Storm 上的资源隔离，基本方案如下。

（1）基于 cgroupCGroup 进行封装进行资源隔离。CGroup 是当前比较适合的、简单有效的方案，当然使用其他虚拟化技术也是可以实现资源隔离的。

（2）在每个 Storm 节点上运行一个用于资源隔离的进程，不间断地从 ZooKeeper 上获取需要进行资源隔离的 Topology，然后和本机上运行的 Topology 进行对比，若这些 Topology 是运行在本节点上的，则根据 ZooKeeper 上的配置信息将其加入本地 CGroup 控制组中。

（3）当超过预定的资源隔离阈值时，将调用 freezer 子系统对进程进行休眠或由内核直接处理。

（4）由于 Storm 实时计算是基于内存的，读写磁盘的操作不多；同时，在我们的使用场景中，每个 Storm 节点均为 2 块千兆网卡，网络流量从来不是瓶颈，应用对 CPU、内存更敏感，可以优先考虑将 CPU、内存作为优先进行资源隔离。

需要注意的是：cpu 和 cpuset 是两个不同的感念，cpu 是基于 CPU 时间片进行的资源调度，cpuset 是基于 CPU 核心进行的资源调度。

（5）在 Storm UI 上，提交 Topology 时，会确定好该 Topology 的优先级以及资源隔离的项目。

在实现上，基本的实现策略如下。

（1）在每个 Storm 节点上运行一个用于资源隔离的进程，如 StormCG；该进程是去中心化的，每个节点之间的进程不互相通信；简化 StormCG 的耦合，依赖 ZooKeeper 的保证资源隔离的高可用。

（2）StormCG 会定期从 ZooKeeper 上获取需要进行资源隔离的 Topology 列表，并判断列表中的 Topology 是否运行在本地上，是则将其 pid、子进程 pid 加入 CGroup 控制组中。

（3）当进程退出时，在 CGroup 中的 pid 会自动被内核移除。

（4）在实现中 StormCG 应该提供两种功能，即自动运行和手动运行。既能够基于 ZooKeeper 进行处理，又能够由管理员手动执行将 pid 加入资源隔离控制组，这样当 StormCG 在 OS 启动后无需干预即可自动运行，并对资源进行隔离，同时又能满足必要的手动调整。

（5）StormCG 的操作要有相应的日志，以便异常时进行分析。

（6）在编码中，可以通过调用 CGroup 的工具包 libcgroup 进行，也可以直接对 CGroup 映射的本地目录、文件进行直接操作。由于在程序中直接调用脚本对目录、文件进行操作更直观，这是一种推荐的实现方式。

（7）Storm 的 Worker 进程在运行中会表现为多个线程，这些线程 thid 也应该放入资源控制组（CGroup 映射的本地目录、文件）中。

（8）额外的好处是，不需要对 CGroup 有较深的理解，只需在 UI 上设置、调整 Topology 的优先级即可实现，而且由于将 Storm 进程里面的线程也加入资源隔离控制组中，我们能够实现 Storm Task 级别的资源隔离。

第 7 章

Storm 开发

作为实时大数据的一部分，应用开发是不可或缺的一部分，本章首先介绍了 Storm 的一个简单例子，随后引出开发 Storm 应用的常用的调试方法，最后介绍 Storm 的一些高级特性：Trident 和 DRPC。通过本章，读者将简单了解 Storm 应用开发的一些常用概念和特性，想深入了解编程的读者，可以阅读其他相关书籍。

7.1 简单示例

看完之前的 Storm 源码剖析，相信大家已经了解 Storm 的一些内部机制，为了更好地理解 Storm 应用中进程、线程的概念，我们编写以下代码：

```
Config conf = new Config();
conf.setNumWorkers(2);
builder.setSpout("reader", new TrackSpout(), 2);
builder.setBolt("user_action", new SaveUserActionBolt(),2)
    .setNumTasks(4)
    .shuffleGrouping("reader");
builder.setBolt("user_stat", new SaveUserStatBolt(),4)
    .shuffleGrouping("user_action");
StormSubmitter.submitTopology("user_profile",conf, builder.createTopology());
```

代码创建一个自定义的名为 reader 的 Spout，发送给图 7-1 所示的用户行为（user_action）和行为统计（user_stat）的两个 Bolt。

设置各自的并行度分别为 2、2、4，如果 user_action 的 Bolt 没有设置 setNumTasks，默认情况下，因为一个 Executor 对应一个 Task，那么本 Topology 总共有 8 个 Executor 和 8 个 Task（2+2+4）；当在 user_action 中 setNumTasks(4)，那么有 8 个 Executor 和

10 个 Task（2+4+4）。通过图 7-2，我们看到示例代码的 Topology 中总共有 2 个 Worker 进程，10 个 Task（最小的实线框及具体的 Spout/Bolt 实例），8 个 Executor（虚线框）。

图 7-1 用户行为到用户统计的过程

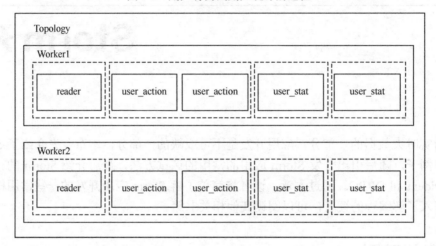

图 7-2 Worker、Task 和 Executor 直接的关系

7.2 调试和日志

一般对 Storm 进行调试，首先利用 Eclipse 插件的本地模式，然后可以可选性地在集群上使用本地模式，当真正使用集群模式提交，最后提交没有成功，可以查看 nimbus.log，进行问题定位，如图 7-3 所示。

图 7-3 提交 Storm 应用的主机上的日志

如果提交成功，可以通过以下两种方式查看日志进行调试。

（1）Storm UI：进入 UI 中 Topology 的任何一个 Spout/Bolt，如图 7-4 所示，点击某一个 Task 的 Port，即能查看到日志。

Executors

Id	Uptime	Host	Port	Emitted	Transferred	Capacity (last 10m)	Execute latency (ms)
[3-3]	20h 25m 9s	storm-supervisor01	6721	1599560	1599560	0.010	5.644
[4-4]	20h 35m 52s	storm-supervisor06	6723	1627100	1627100	0.011	5.861

图 7-4　Storm UI 上查看日志的 Port

默认显示 `System.out.println()` 和 **log4j** 的 **INFO** 级别以上的日志，如图 7-5 所示。

```
2014-11-03 19:20:03 c.y.u.u.b.GetTrackInfoBolt [ERROR] trackTime:2014-11-02 22:11:29
2014-11-03 19:20:03 c.y.u.u.b.GetTrackInfoBolt [ERROR] trackTime:2014-11-02 22:11:29
```

图 7-5　Storm UI 上的显示日志

页面查看到的日志内容默认存储在对应服务器的`$STORM_HOME/logs/worker-port.log`中，如图 7-6 所示。

图 7-6　集群上原始的日志文件

如果要修改 Storm UI 上显示的日志级别、日志文件的最大多少、命名格式和路径等，可以在`$STORM_HOME/logback/cluster.xml`中设置。比如正式上线了，减少日志输出量，可以把`<level value="INFO"/>`修改为`<level value="ERROR"/>`，让页面上只显示 ERROR 级别以上的日志。

```
<logger name="backtype.storm.security.auth.authorizer" additivity="false">
    <level value="ERROR" />
    <appender-ref ref="ACCESS" />
</logger>
```

（2）在服务器上查看日志：可以把日志输出到外部文件，在每一个集群上查看，如图 7-7 所示。

图 7-7　查看集群上的日志

网页上查看 Linux 文件系统的原理是 Web 服务端代码通过 SSH 运行远程 shell 命令：`ssh host -l user ="ls"`，获得文件系统目录树后，解析相应的字段，加入<table>等标签拼接成上面相应的 HTML 代码，呈现给用户。当用户在上面点击某个日志文件要求查看详情时，服务端代码才会去拉取内容，避免频繁访问带来的系统开销。

7.3　Storm Trident

Trident 是基于 Storm 的高级抽象，除了提供对实时流聚合、分组、过滤等功能，还提供了对数据持久化和事务性操作，保证了 Tuple "只被处理一次，不多也不少"。每次发送数据，Tuple 被分成一组组的 batch，每一个 batch 分配一个唯一的事务 ID，batch 被重新处理时，事务 ID 不变，并且不同 batch 之间的更新是严格有序的，通过这些保证了 Tuple 的容错性，当发送失败后重新发送，不会重ures累加。如果事务 ID 相同，更加需要更新状态，保证数据计算的准确性。

我们来看一个统计用户行为次数的例子：

```
FixedBatchSpout spout = new FixedBatchSpout(new Fields("track"), 2,
    New Values("10954404904 item.xxx.com/item/21383263 fav"),
    new Values("10954745288 m.xxx.com/item/21383260 addcart"),
    new Values("10954745288 m.xxx.com/item/21383260 addcart"));
//不停循环发送
spout.setCycle(true);

TridentTopology Topology = new TridentTopology();
TridentState actions = Topology.newStream("userstat",spout).shuffle().each(new
Fields("track"), new TrackSplit(), new Fields("userId")).groupBy(new Fields("userId")).
persistentAggregate(new MemoryMapState.Factory(), new Count(), new Fields("aggregates_
users")).parallelismHint(2);
Topology.build();
```

首先代码通过 `FixedBatchSpout` 模拟一个不停发送用户日志 **track** 的 **Spout**，然后声明一个 `TridentTopology` 的对象，通过调用 `newStream` 方法，接入 `FixedBatchSpout` 生成的 track 数据。

通过 `TrackSplit` 将 `FixedBatchSpout` 生成的 **track** 进行过滤，分别过滤出 `userId`、`url` 和 `buttonPosition` 三个字段，然后按 `userId` 进行分组和计数，最后存储到 `MemoryMapState` 中。

```
public class TrackSplit extends BaseFunction {
    public void execute(TridentTuple tuple, TridentCollector collector) {
        String sentence = (String) tuple.getValue(0);
        if (sentence != null) {
            String[] items = (sentence + "\n").split(" ");
            String userId = items[0];
            String url = items[1];
            String buttonPosition = items[2];
            collector.emit(new Values(userId,url,buttonPosition));
        }
    }
}
```

Trident 对各种数据源有较好的抽象，这里直接用内存的 StateFactory，MongoDB、Redis、MySQL 等对应的 StateFactory 都可以在 GitHub 等上面找到，如果我们需要切换成其他存储介质，仅需要替换成相应的 StateFactory 即可，很好地实现了存储接口的松耦合：

```
//StateFactory dbState = new MemoryMapState.Factory();
StateFactory dbState = RedisState.transactional(new InetSocketAddress("192.168.112.
113", 6379));
```

`persistentAggregate()` 和 `aggregate()` 方法都是对流进行聚合操作，其中 `persistemAggregate()` 对所有 **batch** 中的所有 **Tuple** 进行聚合，并将结果存入 **state** 源中，

而 aggregate() 在每个 batch 上独立执行，它定义一个聚合器有 3 种不同的接口，即 CombinerAggregator、ReducerAggregator 和 Aggregator。CombinerAggregator 接口如下：

```
public interface CombinerAggregator<T> extends Serializable {
    T init(TridentTuple tuple);
    T combine(T val1, T val2);
    T zero();
}
```

- init：每条 Tuple 调用 1 次，对 Tuple 做预处理。
- combine：每条 Tuple 调用 1 次，当前的 Tuple 值作为第一个参数，之前的聚合值为第二个参数，本次 combine 的结果，作为下一次 combine 的第二个参数。
- zero：当为第一个 Tuple 时，这里的值作为 combine 的第二个参数，与该 Tuple 进行 combile。

我们分别定义 One 和 StatCount 的 CombinerAggregator，对用户进行计数：

```
Topology.newStream("userstat",spout).shuffle().each(new Fields("track"), new 
    TrackSplit(), new Fields("userId","url","buttonPosition"))
    .groupBy(new Fields("userId")).aggregate(new One(), new Fields("one"))
    .aggregate(new Fields("one"), new StatCount(), new Fields("reach"));
```

同时通过打印相应的日志，跟踪 combine 的两个参数，观察其聚合过程，分别在 TrackSplit、One 和 StatCount 三个类中加入如下日志：

```
//TrackSplit 类：
public void execute(TridentTuple tuple, TridentCollector collector) {
    String sentence = (String) tuple.getValue(0);
    if (sentence != null) {
       String[] items = sentence.split("_");
        String userId = items[0];
        String url = items[1];
        …
        System.out.println("######:"+ userId + " " + url );
    }
}
//One 类：
public Integer combine(Integer val1, Integer val2) {
    System.out.println("One : " + val1 + " :" + val1);
    return 1;
}
//StatCount 类
public Integer combine(Integer t1, Integer t2) {
    System.out.println("StatCount : " + t1 + " :" + t1);
```

```
    return t1 + t1;
}
```

调整 `FixedBatchSpout` 中用户日志的组合情况，当 track 为同一个用户时，运行结果为：

```
One : 0 :1
######:10954404904 item.xxx.com/item/21383263
One : 1 :1
######:10954404904 item.xxx.com/item/21383263
One : 1 :1
######:10954404904 item.xxx.com/item/21383263
One : 0 :1
StatCount : 0 :1
StatCount : 0 :1
```

当 track 为两个用户时的情况：

```
One : 0 :1
######:10954404904 item.xxx.com/item/21383263
One : 0 :1
######:10954745288 m.xxx.com/item/21383260
One : 1 :1
######:10954404904 item.xxx.com/item/21383263
One : 0 :1
One : 0 :1
StatCount : 0 :1
StatCount : 1 :1
StatCount : 0 :2
```

当 track 为三个不同用户记录时的情况：

```
One : 0 :1
######:10954404904 item.xxx.com/item/21383263
One : 0 :1
######:10954745288 m.xxx.com/item/21383260
One : 0 :1
######:10954404905 http://m.xxx.com/home/
One : 0 :1
One : 0 :1
One : 0 :1
StatCount : 0 :1
StatCount : 1 :1
StatCount : 2 :1
StatCount : 0 :3
```

我们可以看到 `CombinerAggregator` 使用 combine 方法，很方便地对数据流进行各种自定义聚合。

7.4 Strom DRPC

分布式 RPC（distributed RPC，DRPC）用于对 Storm 上大量的函数调用进行并行计算过程。分布式 RPC 通过 DRPC 服务器协调接收一个 RPC 请求，发送请求到 Storm Topology，并从 Storm Topology 接收结果，其过程就像是一个常规的 RPC 调用。我们通常应用分布式 RPC 对上面章节中 Trident 存储的各种数据源进行并行查询，其过程可以简化为如图 7-8 所示的过程。

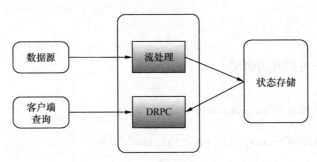

图 7-8　DRPC 的过程

把上一节中的用户统计数存储在 dbState 中，dbState 可以是 Redis 等 NoSQL，也可以是其他关系型数据、内存等，然后利用分布式 RPC 从 dbState 中快速地并行地查询出相应用户的统计结果。

```
TridentState countState =
    Topology.newStream("userstat",spout).shuffle().each(new Fields("track"),
    new TrackSplit(), new Fields("userId","url","buttonPosition")).groupBy(new
    Fields("userId")).aggregate(new
    Fields("userId","url","buttonPosition"),new StatCount(),new Fields("url")).
partitionPersist(dbState, new Fields("userId", "url", "buttonPosition"), null, new
Fields("count"));

    Topology.newDRPCStream("reach", drpc).each(new Fields("args"), new Split(), new
        Fields("userId")).stateQuery(countState, new Fields("userId"), new MapGet(), new
        Fields("count"));
```

第 8 章

基于 Storm 的实时数据平台

本章主要介绍加工和计算用户打点数据后形成的用户画像数据。之所以把画像数据当作数据平台的一部分，是因为用户画像正在成为大数据时代很多拥有数据的公司的标配，它慢慢成为这些公司的推荐、搜索、广告营销、BI 等各个部门的基础数据层。

本章除了介绍用户画像系统的设计，还会分享一些在用户画像系统开发中，由离线更新向实时更新变迁过程中的一些经验，以及融合外部大数据的一些感悟。各个部门实时应用的准确性和高转换率很大程度上取决于数据平台的数据质量。在电商和团购的产品，需要产品基因和商铺基因作为基础数据层。数据平台往往处理整个公司最大量的数据，而当数据量非常庞大的时候，实时性成为一种技术难题。

8.1 Hadoop 到 Storm 的代码迁移经验

不少公司之前的基础数据平台是基于 Hadoop 增量更新的方式，随着业务方的深入，需要从一天更新一次加快到一天更新若干次，业务方要求用户下午的浏览内容能根据他上午的用户行为进行推送，甚至上午 10 点购买的高峰段，需要用户上班路上的浏览信息，这对基础数据层的更新时间提出了很大的挑战。

开发者往往把 Hadoop 增量代码的逻辑原封不动地迁移至实时流计算。Hadoop 是通过 MapReduce，以键值的方式对数据进行关联，当关联多次，就要多个作业。比如，用户通过产品 ID 找类目 ID，需要把用户和产品的关系转换为用户和类目的关系，我们仅需要把两个表（用户行为关系表和产品类目关系表）作为 Map 的输入，把产品 ID 作为键，把用户 ID 和类目 ID 加入区分标签，分别作为值，在 Reduce 中解析一次迭代器，就能完成用户到类目的关系表。在 Storm 中，仅需要一次数据库查询，通过产品 ID 查出类目 ID，就能完成同样的功能。逻辑原封不动地迁移过来代码是变简单了，但是如果多个作业的逻辑原封不动地都迁移到 Storm，实时地查询各个表，对产品实时性能和数据库 I/O 的影响往往很大。如果是一个新项目，建议投入一定时间研究是否需要重新设计表结构，以消除和减少实时逻辑中循环多次查询相关表带来的消耗；另外增量 Hadoop 中，作业多运行几分钟对整体影响往往不是很关键，但是在实时系统中，之前的逻辑迁移过来，可能造成 Bolt 负担太重，消息堆积严重，以致迁移后项目无法上线，很多离线的算法在实时中势必要简化，牺牲部分算法的精确性，达到了解用户实时或者准实时的意图。

8.2 实时用户画像

用户画像，顾名思义，是一个实际用户的虚拟代表，形成的用户角色需要有代表性，能代表产品的主要受众和目标群体的用户角色，包含年龄、性别、职业、健康状况等人口统计学信息；品类、品牌、导购属性等的电商的兴趣图谱；游戏时长、付费意愿的游戏属性；视频、音乐、汽车等内容的偏好属性等。用户画像不是静态的描述用户，而是动态、实时和立体地、全方位地描述用户，通过精细化人群，为网站运营、营销策略、产品销售提供全面的支撑。

在移动互联网时代，可穿戴产品日益普及的今天，加上企业间各个外部画像的打通和融合，用户画像描绘更加精准。通过用户的实时心情、健康状况和位置等，给用户提供更加精准化的个性化服务成为了可能。例如，根据用户最近的体质和饮食宜忌，推荐附近餐厅的菜谱；根据用户近期有旅游计划，告知用户附近的商家有登山鞋促销活动等。

用户画像技术的出现，能够帮助客户了解群体的差异化特征，根据族群的差异化特征设计并提供个性化的产品及服务。用户画像首先收集用户显式的和隐式的行为。显式的行为主要来自用户注册信息和用户明确的动作，比如用户在听歌、跑步和购买等，一般直接来自明确的数据库记录；隐式行为需要捕捉和分析用户的一些行为，给用户打各种标签。在 Web 和 APP 中，首先记录用户的各种行为，把用户的行为日志发送到服务端，在服务端对用户的各种行为进行汇聚、清洗、智能运算，经过一系列的数据流，最终生成用户的基础画像。在此基础上，形成精准人群的数据层，然后再以接口的形式开放给外面各个产品使用。

8.2.1 简单实时画像

基于用户画像的基本信息，我们用 Storm 构建实时更新用户画像的一个 Topology 应用，如图 8-1 所示。

设计一个 Spout，从 Kafka 等消息队列获取用户的行为信息，发送给后面的 Bolt；设计一个用户基础行为的 Bolt，根据用户行为信息，过滤出用户浏览店铺、浏览商品、搜索、购物车、订购等的基本行为；设计相应用户画像的 Bolt，通过查询店铺和商品基本信息表，把用户对搜索关键字、商品、店铺等对象的属性映射成相对标准化的类目、品牌和导购属性的偏好，最终根据用户行为的时间和日期，形成一定的权重写到用户画像表。

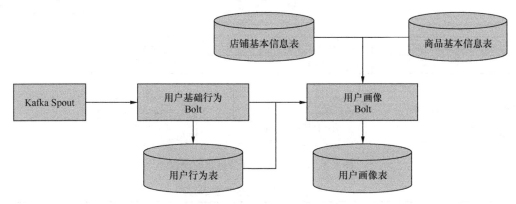

图 8-1　用户画像的基本流程

这样的设计，存在一个问题，用户画像 Bolt 每次对一个用户的类目进行打分，要查询用户行为表中该类目下所有产品的行为，同时还要查询店铺和商品基本信息表，如果商品 SKU 不多，用户行为表不大，并且网站 PV 不大的时候还能承受，但当任何一方的数据量稍微增加，行为都堆积在用户画像 Bolt 的，再如何提高 Bolt 的并行度，也没法解决消息堆积的问题，系统马上变得不可用。

8.2.2　实时画像优化

鉴于之前的用户画像 Bolt 对数据库读取过重，每更新一次用户对类目的打分都要从用户行为表中取出所有类目下的产品，然后取出日期和次数进行打分，我们需要抽出一张行为统计信息表，获取用户对产品的每一个行为信息，只需要读取数据库一次。用户行为表中记录着用户对产品的每天的行为次数，如 UserID、Browse、ProductID："(140101,3)(140103,2)…"，即 2014 年 1 月 1 日，用户浏览某产品 3 次；2014 年 1 月 3 日浏览两次……这样的好处是每次更新某一个类目的权重，不需要从用户行为表中读取所有的行为，然后统计日期和次数，进行权重计算。获取每个产品的统计信息，每一个行为只需要查询一次，如图 8-2 所示。

上面的 Topology 中，用户画像 Bolt 依然很重，我们需要把一些运算前移，平衡不同 Bolt 之间的负载，即根据商品和店铺基本信息把产品替换为类目、品牌、导购属性等的过程前移至行为统计信息 Bolt。通过这次的改造，我们形成了用户的基础数据流：用来存储用户每一个行为的详细信息的用户行为表、计算权重需要的各种中间数据的行为统计信息表以及描述每一个用户偏好的用户画像表,如表 8-1 所示。

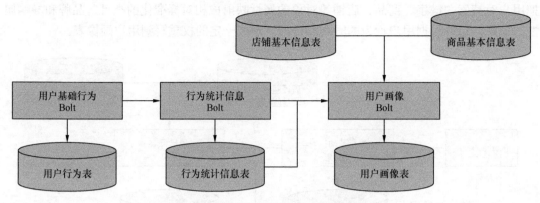

图 8-2 抽出行为统计信息表的流程

表 8-1 用户画像主要表描述

表　名	描　述
用户行为	用户每一个动作的位置、设备、来源页等的详细信息
用户行为统计信息	用户每一个动作的统计信息
用户画像	描述每一个用户角色信息

再经过对用户基础行为分析,通过贝叶斯分类等算法,给每一个用户补充年龄、宝宝年龄段等各类标签,并且融合外部画像,最终形成了相对完善的用户画像信息,如图 8-3 所示。

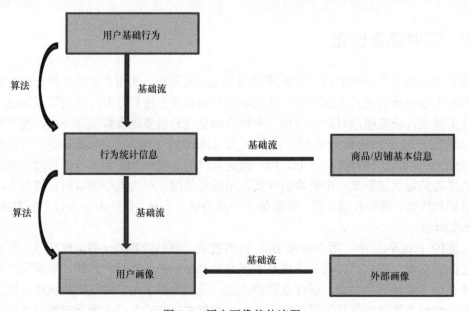

图 8-3 用户画像整体流程

8.2.3 实时画像的毫秒级更新

之前的 Topology 已经形成了基础的数据流，但是随着数据量的上涨，延时越来越久，显然只能完成用户的短期画像，很难根据用户变化中的地点和行为来快速更新画像。用户在外面逛街急需一些服务的时候，也无法快速给用户推荐想要的服务。为了给用户提供更加实时的个性化服务和营销，对画像更新的时间提出了更高的要求。并且当 PV 上升、集群资源有限的时候，Bolt 的计算速度显然跟不上行为日志的产生速度，这个时候我们需要把 Topology 分解成实时和准实时的多个 Topology 来独立运行，让用户基本行为、行为统计信息和用户画像有不同的更新频率，并且用户画像 Bolt 不需要每一个行为都要计算一次，在行为统计表合并用户一段时间内，用户画像 Bolt 只对同一产品的行为计算一次，减轻计算的压力。

我们首先分拆出用户统计信息的 Topology，如图 8-4 所示。

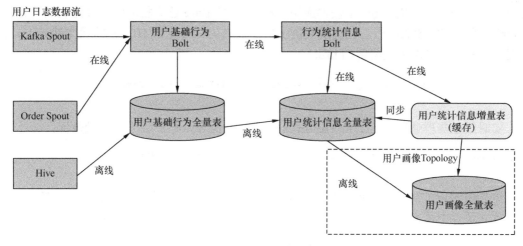

图 8-4 用户统计信息 Toplogy

用 Memcached 或者 Redis 增加一个缓存（调整 HBase 的默认缓存，并且利用 HBase 可以通过时间戳（timestamp）记录和查询数据的功能做缓存，也是一个不错的选择），每次行为统计信息 Bolt 要更新行为统计信息，先从缓存读取，如果没有，再从数据库中读取，然后更新统计信息后写入缓存。缓存的数据每天同步一次到用户统计信息全量表。同时缓存中设置每一条记录的过期时间（如设置为 36 小时），让已同步到数据库中的信息自动删除。实时应用对整个系统的稳定要求非常高，任何一方的不稳定都可能造成消息丢失：Kafka 消息队列的不稳定、Topology 应用本身的不稳定、HBase 等数据库的不稳定以及 Redis 缓存的不稳定。保证任何一方都能很健壮一直不出错，显然难度还是不小的。对于一些实时监控异常和 UV 等统计信息，对数据完整性要求不高的应用，偶尔中断还能接受，但是对于数据完整性要求较高的基础数据流,基于目前的架构,一旦集群发生波动或故障,将无法补全数据。此时就需要图 8-5 所示的 Hadoop 离线作业来做补充。Hadoop 离线作业一来完成全量初始数据的生成,二来防止实时任务突发故障情况,可以增量补全丢失的数据。

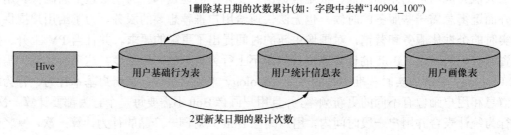

图 8-5　离线用户画像

实际的架构中,离线 Hadoop 任务会对数据库某段时间 I/O 频繁访问,影响实时的性能,可以把离线和实时的集群分开。假如应用 HBase,对 HBase 建立相应的布隆过滤器(Bloom Filter),提高随机读的性能。在离线集群上应用 `bulkload` 生成 HBase 的元文件 hfile,在实时线上集群上拉取离线集群的 hfile:

```
Hadoop dfs -cp hftp://ip1:port/userProfileBulkLoad hdfs://ip2:port /userProfileBulkLoad
```

实时线上集群通过 `LoadIncrementalHFiles` 命令,补上丢失的增量数据:

```
HBase org.apache.Hadoop.HBase.mapreduce.LoadIncrementalHFiles /userProfileBulkLoad userProfile
```

这样做避免了对数据库频繁写入的压力,也避免了离线任务对实时任务的影响。热点数据放入缓存中带来的性能提升如表 8-2 所示,基本可以提升一个数量级。

表 8-2　主要操作的耗时

操　　作	响 应 时 间
从远程分布式缓存 Redis 读取一个数据	0.5 毫秒
从数据库中查询一个记录(有索引)	十几毫秒
千兆网络传输 2 KB 数据	1 微妙
从内存中读取 1 MB 数据	十几微秒

(来源:http://www.eecs.berkeley.edu/-tcs/research/interactive_latency.html)

紧接着,我们再设计一个用户画像的 Topology,编写一个读取缓存的 Spout,把缓存的用户统计信息发送给用户画像 Bolt,最后经过权重运算,更新进用户画像表,如图 8-6 所示。

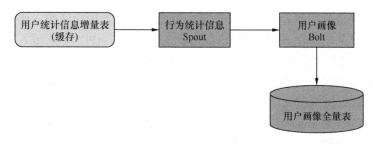

图 8-6　用户画像 Toplogy

这样的好处是，根据计算的复杂度不同分解了 Topology，让用户基础行为和统计信息到达了更快的更新速度，用户画像达到准实时的更新，否则在 PV 上升和数据库表慢慢变大的情况下，应用开发者会发现无论怎么调整 Spout 和 Bolt 的并行度，Bolt 计算速度始终跟不上用户行为日志的产生速度，造成消息堆积。

8.3　其他场景画像

微信、浏览器、操作系统厂商、大型手机制造商能收集到的用户行为描述的用户画像还要全，如图 8-7 所示。

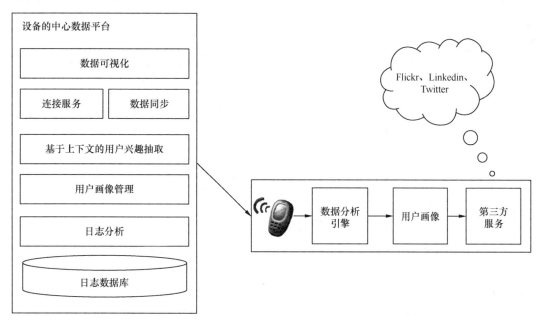

图 8-7　手持设备的用户画像系统

手机制造商通过手持设备可以获取用户打电话、发信息、浏览哪些网页、是否在听歌等信息,通过数据分析引擎提取出相关的用户行为和标签到用户画像,然后提供相应的广告 API 给开发者,开发者在 APP 上调用手机制造商的广告 API,然后填入广告基本的用户群标签信息、广告的位置大小等,就可以完成精准化的广告投放。用户在外面使用 Twitter、LinkedIn 等应用的时候,会根据用户最近的行为,在相应的广告位展示精准化的广告。试想一下,如果你最近浏览了旅游相关的网站,当你在商场浏览某些 APP 的时候,相应的广告位就可以展示楼上某个品牌店在促销登山鞋;如果你在客厅看电视,手机突然来电,客厅的智能电视会自动调低声音等;手机分析出你周末某个点喜欢边跑步边听摇滚的歌曲,那么在你跑步前,使用某个接入广告 API 的应用时,会推荐一些摇滚歌曲等。通过用户画像系统和推荐引擎,了解用户准确的需求,提高广告投放的转化率。

8.4 画像的兴趣度模型构建

用户兴趣度是用户在浏览、收藏网页过程中表现出来的对某些主题兴趣程度量化的结果,表现在画像表中,就是用户对标签、类目、品牌、属性等的打分。表现对某商品的兴趣度的行为非常丰富,有浏览、收藏、搜索相关关键字、购买、浏览停留时间、点击商品图片、拉动网页滚动条、对商品的评论等。为简化特征,我们兴趣度模型只选取浏览、收藏、搜索相关关键字、加入购物车、购买这 5 个特征行为。我们用 $f(x)$ 表示兴趣度,x_0, x_1, x_2, x_3, x_4 分别代表浏览、收藏、搜索、加入购物车、购买这 5 个行为,建立如下多元线性回归模型:

$$f(x) = a_0 x_0 + a_1 x_1 + a_2 x_2 + a_3 x_3 + a_4 x_4 + c + \varepsilon,\ 假设 \varepsilon 服从正态分布 N(0, \sigma^2)$$

其中 a_0, a_1, a_2, a_3, a_4 为回归系数,当然线性回归,并非是指线性函数,广义的线性模型有逻辑回归、Probit 回归、Poisson 回归、负二项回归等,如:$f(x, y) = w^T x = w_0 + \sum_{j=1}^{M-1} w_i \varphi_i(x)$ (其中 $\varphi(x)$ 可以换成不同的函数,不一定要求 $\varphi(x) = x$)。这里仅仅为了简单起见,用线性函数表示。有了模型,我们需要一个机制来评估 a 是否比较好,对我们的 $f(x)$ 函数进行评估,一般称这个函数为损失函数(loss function):$E(L) = \iint L(t, f(x)) p(y, x) dxdy$(其中 t 为实间值,$f(x)$ 计算结果)。我们的模型是线性的,可以选择用最常用、最简单的损失函数——最小二乘法:$L(t, f(x)) = (t - f(x))^2$,使得 $L(t, f(x))$ 最小,对 a_0, a_1, a_2, a_3, a_4 求偏导数,令它们都等于 0,便可求出各个系数值。对于非线性的通常用采用梯度下降等迭代法求解,先给定一组随机的 a,然后向 Δ 下降最快的方向调整 a,在若干次迭代之后找到局部最小。梯度下降法的缺点是到最小点的时候收敛速度变慢,在最小值附近以一种曲折的形式慢速的逼近最小点,并且对初始点的选择极为敏感。常见的梯度下降法有牛顿法、DFP 方法、BFGS 方法和 LBFGS 方法,不同的方法区别在于目标函数下降的计算方式不同,它们之间的优化方法比较如图 8-8 所示。

8.4 画像的兴趣度模型构建

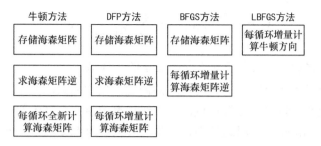

图 8-8 主要梯度下降法优化方法的比较

最后，对于前面的线性模型，要检验 $f(x)$ 和 x_0, x_1, x_2, x_3, x_4 之间是否存在线性关系，所以我们必须对回归系数和回归方程进行显著性校验，经过有效验证后，以上方程才能作为我们的兴趣度量化估算公式。

德国心理学家艾宾浩斯通过对新事物遗忘的规律研究发现了艾宾浩斯遗忘曲线，如图 8-9 所示。

用户对商品或者品牌的兴趣，如果很长时间没有浏览，同样兴趣度也会衰减，上面的模型显然没有反应兴趣度随着时间衰减，为此，我们将时间衰减因子引入兴趣度模型中。

我们定义如下变量。

- $n_{ij}^{(k)}$：用户在 j 时刻以 i 行为作用 k 对象的次数。
- w_i：i 行为的权重。
- α_1：i 行为的指数。
- Δt_j：j 时刻距离当前时间的天数。
- γ：衰减因子。
- $N_i^{(k)}$：用户以 i 行为作用 k 对象的总次数。
- $M^{(k)}$：用户作用 k 对象的行为种类数。

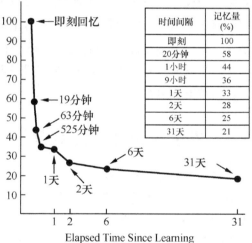

图 8-9 艾宾浩斯遗忘曲线

我们定义兴趣衰减函数：

$$f_1\left(n_{ij}^{(k)}\right) = n_{ij}^{(k)} e^{-\gamma \Delta t_j}$$

则用户以 i 行为作用 k 商品的所有衰减值的和为：

$$x_i^{(k)} = \sum_{j=1}^{N_i^{(k)}} f_1(n_{ij}^{(k)}) = \sum_{j=1}^{N_i^{(k)}} n_{ij}^{(k)} e^{-\gamma \Delta t_j}$$

用户对 k 商品的兴趣量为：

$$INQ_1^{(k)} = \sum_{i=1}^{M^{(k)}} w_i (x_i^{(k)})^{\alpha_i} = \sum_{i=1}^{M^{(k)}} w_i \left(\sum_{j=1}^{N_i^{(k)}} n_{ij}^{(k)} e^{-\gamma \Delta t_j} \right)$$

假设对 $INQ_1^{(k)}$ 归一化后的值为用户对 k 商品真正的兴趣值。

这个模型解决了兴趣会随着的时间衰减的问题,但它的缺陷是每次需要获取用户全量的行为。对于每天的增量更新画像权重,在离线运算中能支撑 TB 级的数据量。如果数据量再往上涨,或者 Storm 的实时运算中,每次计算兴趣度都要获取用户某一个属性下所有的历史行为信息,对于没有新增行为也要重新计算以衰减兴趣度,显然耗时太严重。如何把兴趣度模型变成增量更新是当务之急,比如 $f_n(p) = f_{n-1}(p) * f_1(\Delta t_j) + f_2(\Delta t_j)$, $f_n(p)$ 为目前兴趣度,$f_{n-1}(p)$ 为上一时刻兴趣度,$f_1(\Delta t_j)$ 为经历 Δt_j 时间的兴趣度衰减函数,$f_2(\Delta t_j)$ 为 Δt_j 内增加的用户行为带来的兴趣度。通过 Storm 统计用户行为存到缓存表中,全量画像表中存储上次兴趣度 $f_{n-1}(p)$ 和上次兴趣度更新时间 t_{n-1},那么用当前时间减去全量画像表中兴趣度上次更新时间得到 Δt_j,通过 $f_1(\Delta t_j)$ 对之前的兴趣度进行相应的衰减,然后获取缓存表中增量的用户新增行为得到 $f_2(\Delta t_j)$,及计算得到最新的兴趣度,这样建模的好处解决了实时系统全量获取用户行为带来的性能开销,对于没有新增行为的类目,不需要重新计算来衰减得分,只需封装一个对外 API,通过画像表中上一次兴趣度更新时间 t_{n-1} 和上一次兴趣度 $f_{n-1}(p)$ 计算得到真正当前时刻的兴趣度。

8.5 外部画像融合经验分享

国家机构和国企往往拥有海量而有价值的数据,但是数据处理能力弱;Oracle、SAP、IBM 等国外企业数据处理能力强,但是拥有的数据相对较少,经常和一些企业合作进行相关挖掘;BAT 等一线互联网巨头拥有海量的数据,数据处理能力比较强,但是往往比较少和外部数据融合。目前二三线互联网企业对融合外部公司的数据研究得比较多,他们亟需要外部的微博、运营商、银行等各种数据来补全他们的基础数据层,以更好地了解用户,做精准化的营销和推荐,对网站上行为比较少的新客,也解决了冷启动问题。而统计局、各类行业协会等也希望和这些企业合作,以了解快速消费品价格指数、纺织品流行趋势等信息。

一个网站中,往往外部用户、新客、半新客、老顾客中每一环节的转化率都不高,研究用户生命周期模型,如何提高每一环节的转化率,针对不同阶段的用户做差异化的营销策略,是每一个公司值得投入研究的方向。如果你能帮用户把任一环节的转化率提高 1%,那么可能会给公司带来数亿的销量。例如,一个 1000 万注册用户的网站,它的 GMV 是 100 亿,如果从注册用户到半新客的转化率提升 1%,很有可能带来近 1 亿的 GMV(未购买或者只下过一单的新客往往占据了 7 成以上)。有了外部数据,可以 360° 地了解一个新用户,让探索如何提升转化率成为了一个可能。例如,通过新浪微博登录的一个新用户,如果知道他在微博上的一些情况,很显然可以提高新客到半新客的转化率。并且一般网站上的用户流失率也是非常高的,建立准确的用户流失模型,预测用户未来可能的流失率,通过精准化的站内信、邮件、短信、消息推送、打折促销等唤醒用户也是非常有价值的。用户流失模型等用户生命周期模型可以通过表 8-3 所示的 SGD、GradientBoosting、RandomForest 等分类模型算法进行训练,并根据 AUC(Receiver Operating Characteristic)值和运行速度选择最终的建模算法,其中 AUC 指 ROC(Receiver Operating Characteristic Curve)曲线下面的面积,是用来度量分类模型好坏的一个标准,AUC 值越大的分类器模型,一般正确率越高。1 号店选用了 GradientBoosting 算法对全量数据进行建模,经过对用户 200 多个属性的分布进行探索,并且排除模型系数较小的属性,最终选取了 140 个属性建立了用户流失模型。

表 8-3 分类模型算法

算法	概念
SGD	Stochastic Gradient Descent 随机梯度下降是实现回归模型的一种算法,其利用梯度下降不断调整参数值,使随机选取的参数根据损失函数梯度下降的方向进行更新,最终取得最优解
GradientBoosting	梯度提升决策树是实现决策树模型的一种算法,其使每一次建立模型是在之前建立模型损失函数的梯度下降方向。通过不断地改进,使模型的损失函数不断减小,最终获得最优化模型
RandomForest	随机森林是一个包含多个决策树的分类器。即用随机的方式建立一个森林,森林里面有很多的决策树组成,输出采用多数投票法或对单棵数输出结果进行平均

在外部画像的应用中,我们认为拿到外部的原始数据,自己进行加工融合比较有价值,否则外部第三方公司帮你对各个用户的标签打好分,你的打分算法因为时效性等需要更新,很难和他们打的分同步更新或者融合。进一步,外部公司提供用户消费档次等标签在准确度上也有一定的误差,你根据自己的数据计算出来的标签会得到一个不同的准确度,两边准确度不同,对后面的各种算法应用以及最终决策都会带来影响。而且并不是所有拥有大数据的公司的数据都是对你有用的,往往从他们的海量数据中提取出来的标签对你的产品可能价值不是很大,所以建议先了解外面公司的元数据中有哪些标签可以提取,这些标签对自己网站的价值有多大(可以抽样估算对自己网站的 GMV、利润、活跃用户数等一些指标能提升多少),他们的数据和自己的数据一旦建立关联,能一一对应上的比率有多高,否则很多一对多关联起来的数据,不能准确地反应一个人,对数据后期的质量也有影响。

对于一些国家机构和国企,数据比较敏感但是有些比较有价值,你可以知道你的用户在竞争对手网站上的详细信息,全方位了解用户的购买动机,但是这里我们不做介绍。我们以微博数据为例,分享一些在融合微博数据到自己画像中的一些经验。因为很多网站和 App 都可以通过微博账户登录,这样基本和自己网站的用户是一一对应的,而微博中内容比较多(粉丝数、好友数、微博数、省、城市、所在地、性别、个性域名、简介、注册时间、是否认证、标签信息等),我们认为是有一定价值的,而且通过自然语言处理技术,能挖掘出很多有用信息。

可以先申请新浪微博的 accessToken，封装相应的 User 对象：

```
User getUserInfoBySinaId(String sinaId, String accessToken)
```

其中 User 对象定义如下属性：

```
    private String id;                      //用户 UID
    private String screenName;              //微博昵称
    private String name;                    //友好显示名称，如 Bill Gates，名称中间的空格正常显示（此特性暂不支持）
    private int province;                   //省份编码（参考省份编码表）
    private int city;                       //城市编码（参考城市编码表）
    private String location;                //地址
    private String description;             //个人描述
    private String url;                     //用户博客地址
    private String profileImageUrl;         //自定义图像
    private String userDomain;              //用户个性化 URL
    private String gender;                  //性别，m--男、f--女、n--未知
    private int followersCount;             //粉丝数
    private int friendsCount;               //关注数
    private int statusesCount;              //微博数
    private int favouritesCount;            //收藏数
    private Date createdAt;                 //创建时间
    private boolean following;              //保留字段，是否已关注(此特性暂不支持)
    private boolean verified;               //加 V 标示，是否微博认证用户
    private int verifiedType;               //认证类型
    private boolean allowAllActMsg;         //是否允许所有人给我发私信
    private boolean allowAllComment;        //是否允许所有人对我的微博进行评论
    private boolean followMe;               //此用户是否关注我
    private String avatarLarge;             //大头像地址
    private int onlineStatus;               //用户在线状态
    private Status status = null;           //用户最新一条微博
    private int biFollowersCount;           //互粉数
    private String remark;                  //备注信息，在查询用户关系时提供此字段。
    private String lang;                    //用户语言版本
    private String verifiedReason;          //认证原因
    private String weihao;                  //微号
```

　　如果想进一步获取用户的关注列表、粉丝列表等，进行好友关系的挖掘，可以通过 weibo4j 库的 getFriendsByID、getFollowersIdsById 等获取。如图 8-10 所示，我们只获取微博用户的标签信息，这些标签是用户自己标注的，所以比很多算法打的标签更能反映用户的兴趣爱好。

　　获取到的标签存在的主要问题是这些标签是用户随意打的，需要对这些标签做一定的预处理，才能融入我们的画像。假设提取到上千个高质量标签，那么我们的系统就能相对容易地在这些用户上实现类似淘宝等网站的千人千面功能，尽量让每个人看到和他兴趣相

符的不同的商品页面。首先对微博用户的个人信息和标签进行处理，用 MapReduce 计数、排序，对低频词汇分词后再合并统计、排序，对含有相似词汇的标签进行合并，提取高频词汇，形成精简的标签集合，然后给下面的代码作为输入：

图 8-10　微博上的标签

```
//根据微博用户标签预处理，提取高频词汇后形成精简的标签集合
    private static Set<String>originalData = new HashSet<String>();
    //初始化社区名和社区名对应的标签，比如(旅游：驴友 登山 自驾 观光)，旅游为社区，后面为社区对应的各种标签
    private static Map<String, Set<String>> communityTags = new HashMap<String, Set<String>>();
    //输出结果
    private static Map<String, Map<String, Float>> results = new HashMap<String, Map<String, Float>>();
    private static int topNSize = 100;
```

对于合并好的用户标签，可以用 word2vec（一个将单词转换成向量形式的工具，可以把对文本内容的处理简化为向量空间中的向量运算，计算出向量空间上的相似度，来表示文本语义上的相似度）训练好的搜狗新闻词库给定初始化的标签，计算相似度最高的 `topNSize`（上面例子中为 100）个标签，具体的实现过程如下：

```
    import sougou.Word2VEC;
    …
    Word2VEC vec = new Word2VEC();
    //搜狗新闻词库
    vec.loadModel("D:\\WeiBo\\weiboOrderTag\\sougou_vectors.bin");
    // 把微博用户标签预处理后的精简的标签集合加载到 originalData
    LoadweiboOriginal("D:\\WeiBo\\weiboOrderTag\\weiboFlag");
    //在文本中每一行增加一个社区名，和它相关的标签信息，比如"旅游：驴友 登山 自驾 观光"，加载到
    //communityTags
    Load CommunityTags("D:\\WeiBo\\weiboOrderTag\\word2vec_community2weibo.txt");
    for (Entry<String, Set<String>> entry : communityTags.entrySet()){
        String groupkey = entry.getKey();//社区名
        Set<String> groupvalue = entry.getValue();//社区相关的标签
        Map<String, Float> similarityWords = new HashMap<String, Float>();
        for(String value : groupvalue){
            Float score = new Float(0);
            for(String words : originalData){
```

```
            //计算微博中处理后标签和社区相关标签的相似度
            score = vec.similarity(value, words);
            //循环得到相似度最高的 100 个标签
            similarityWords = insertTopN(words, score, similarityWords);
        }
    }
    //输出社区名和相似的微博标签，社区名即融合进画像中作为新的候选标签
    results.put(groupkey, similarityWords);
}
```

word2vec_community2weibo.txt 中整理的社区名如图 8-11 所示，即为真正的用户画像标签。比如美食达人，后面具体的美食、吃货、爱吃等是具体的微博标签，可以通过这些社区名进行一定的群体分析，给类目、品牌和商品打上相关的标签属性，从而给用户推送和标签相符的 TopN 个产品。当一个新的微博用户第一次来网站的时候，可以判断他的微博标签属于哪些社区名标签（用户画像表中的标签），然后根据画像表中的标签找到相关产品，实时推送给他。

```
美食达人:美食 吃货 爱吃 吃喝玩乐 咖啡 烹饪 巧克力
IT 互联网:互联网 IT 手机 电子商务 数码 网络 科技 电脑
靓女:美女 美容 小清新 外貌 美男 服装 护肤
热爱生活:健康 生活 交友 减肥 阳光 养生 瑜伽 自然 公益 活泼
文艺青年:娱乐 音乐 电影 文艺 听歌 摄影 美剧 小说 英语 文学 浪漫 music 喜欢音乐
```

图 8-11 社区名

8.6 交互式查询和分析用户画像

业务部门往往需要基于多个用户维度对用户做分群分析，一般需要通过聚类、关联规则等挖掘出对某些产品或品牌有偏好的用户群体特征，Hadoop 平台中，如果用 HBase 存储画像数据，索引比较单一，全表扫描代价比较大；如果用 Hive，查询操作很多利用了 MapReduce，速度又太慢，虽然业内很多优化了 Hive，使之性能提高了十几倍，但是还远远不能满足需求；而传统的数据仓库，下面的数据库很多是关系型数据库，数据量达到一定程度，每几百 GB 就要建单独分区表，在大数据下，存储的扩展和维护成本又很高。对大数据做数据分析，显然未来的趋势，都不会使用 MapReduce，而是基于 MPP（Massively Parallel Processing）和内存。目前比较流行的 SQL-on-Hadoop 有 Spark SQL、Impala、Kylin 和 Pestro，它们之间的比较见表 8-4。

表 8-4 主要的大数据分析产品

SQL-on-Hadoop	来源	优势	劣势
Spark SQL	UC Berkeley	随着 Shark 慢慢被 Spark SQL 取代，大批的企业会迁移过来到 Spark SQL	Mesos 对 Spark 的支持性比较好，截至 2014 年年底，Yarn 对 Spark 的支持在线上环境中还有不少问题未解决

续表

SQL-on-Hadoop	来源	优势	劣势
Impala	Databricks（Cloudera 的合作伙伴）	集成在 Cloudera 的 CDH5，和 CDH 的 Hadoop 平台结合比较紧密	对批量数据的处理，如数据挖掘分析，不如 HIVE 稳定可靠
Kylin	eBay	相比 Impala，有更高的 OLAP 分析速度	没有一个专门的供应商来支持，如果应用的企业不多，遇到瓶颈问题，会增加研发成本
Pestro	Fackbook	国内有美团网等企业已经在使用	没有一个专门的供应商来支持，如果应用的企业不多，遇到瓶颈问题，会增加研发成本

美团的 Pestro 实践可以参考 http://tech.meituan.com/presto.html。

8.7 实时产品和店铺信息更新

在一个电商系统中，卖家不停地更新产品和店铺的基本信息，基础数据层通过 Sqoop、Hadoop 等每天同步更新产品和店铺的基本信息，这样就存在一定的滞后性，用户实时作用在一些新更新的产品上的行为，在基础数据层的商品信息表中找不到对应的信息，当然也就更新不进用户画像表中，如图 8-12 所示。

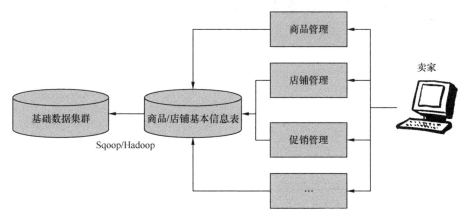

图 8-12 商品和店铺的实时更新

并且当商品 SKU 数和店铺数不断增加的时候，用户画像的更新也会变得越来越慢，主要瓶颈在于读取商品和店铺信息的磁盘 I/O。引入冷热切片机制，把一些热门和促销的商品放入缓存中。一个比较好的方式，是通过生产者和消费者的消息推送机制，把所有卖家的更新的消息放入消息队列，然后实现一个读取商品和店铺信息的 Spout，读取消息队列把更新信息发送给 Storm 的 Bolt，Bolt 根据产品的是否促销、秒杀等的人工规则，以及通过模型预测浏览量,当预测到未来浏览量或者销量超过一定阈值,提前写入缓存中;否则,删除缓存中信息,写入基础数据层的数据库中。

通过对以往每天中每小时的浏览量进行建模,形成一天的浏览量模型分布,如图 8-13 所示。根据 0 点到当前时间的浏览,预测产品今天的销售高峰,如果超过一定阈值,把产品基本信息提前放入缓存中。

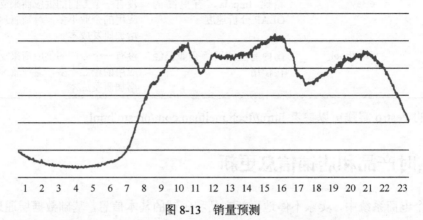

图 8-13 销量预测

当然,实际情况中模型既有一定的实效性,并且受产品价格、气候和外界环境等影响,如果只是考虑简单的因素,效果可能会很差,并且在电商系统中,不同品类可能需要不同的模型,为全品类设计一个通用的模型,可能在某些品类下效果很差。

第 9 章

大数据应用案例

本章中主要介绍了具体的大数据的应用,首先通过例子讲解了如何开发一个计算实时 UV(Unique Visitor,是指不同的、通过互联网访问、浏览的自然人)数的程序,随后引入推荐、广告、搜索等常用的大数据应用场景。

在实际推荐系统的生产环境中,关联规则和协同过滤的推荐效果往往比较好,但是利用用户画像,结合时间、天气等上下文信息,可以进行一些更加精准化的推荐,因此基于画像的内容和上下文推荐也是很多公司不可或缺的一部分。大数据发展,离不开互联网广告的蓬勃发展,广告系统中也存储着大量的用户信息,这些用户信息往往存储在 DMP(数据管理平台)中,通过点击率预测等计算可以实现更加精准化的广告投放,用户画像也是很多 DMP 的组成部分。移动互联网时代,移动设备的屏幕相对比较小,一屏中展示的物品有限,如果知道用户的实时意图和实现个性化搜索,可以缩短用户寻找物品的时间,改善产品的用户体验,实现这些功能的数据支撑同样来自于每一个用户信息。

9.1 实时 DAU 计算

DAU 是每天访问的 UV 数,00:00~24:00 内相同的客户端只被计算一次。UV 是非常核心的一个指标,通过对每个时间点的 DAU 数据的分析,可以查看运营活动的效率以及当前网站运行的整体情况等,可以对系统优化和运营效率提升等起到很好的促进作用。目前大众点评各个平台的累积 DAU 达到千万级,PV 到亿级。本节以 DAU 为例,简要介绍一下大众点评是怎么使用实时平台的。实时 DAU 计算包括了大众点评的所有不同平台移动客户端(大众点评 APP、大众点评团 APP 和周边快查 APP)、PC 端和 M 站。

移动端实时 DAU 的 Topology 计算逻辑的 DAG 参见图 9-1。

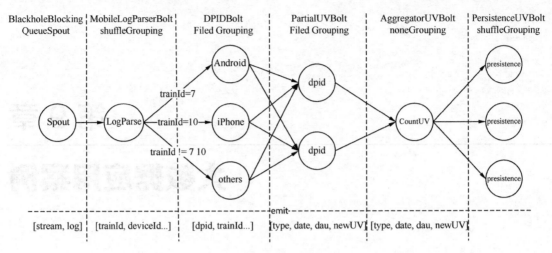

图 9-1 DAU 计算逻辑有向图

在 Storm UI 上 Topology 的运行情况如图 9-2 所示。

Topology actions

Activate Deactivate Rebalance Kill

Topology stats

Window	Emitted	Transferred	Complete latency (m
10m 0s	24088460	24088460	0.000
3h 0m 0s	548545180	548545180	0.000
1d 0h 0m 0s	2444853760	2444853760	0.000
All time	2874046320	2874046320	0.000

Spouts (All time)

Id	Executors	Tasks	Emitted	Transferred	C
MobileWebMainSpout	2	2	1514253420	1514253420	0

Bolts (All time)

Id	Executors	Tasks	Emitted	Transferred	Capacity (last 10m)	Execute latency (ms)
AggregatorUV	1	1	9280	9280	0.001	0.107
DPID	24	24	683613700	683613700	0.054	0.145
LogParser	20	20	675534720	675534720	0.155	0.107
PartialUV	16	16	635200	635200	0.192	0.263
PersistenceUV	2	2	0	0	0.007	102.245

图 9-2 Topology 运行状态

各个组件的功能描述如下。

（1）BlackholeBlockingQueueSpout：作为 Blackhole 的 Consumer 获取 Mobile

的日志数据。源码可以参考 https://github.com/xinchun-wang/storm-util。

（2）`MobileLogParserBolt`：解析 Mobile 的日志，输出后续计算所需要的数据，具体包含 `trainId`（不同平台的 `trainId` 不一样。例如，**Android** 为 7，**iOS** 为 10）、`deviceId` 是设备 ID（`deviceId` 可能是 **IMEI**、**UUID**、**MAC**、**UDID**、**IDFA**、**OPENUDID** 中的一个或多个，根据不同的操作系统和才做系统版本来确定）、`addtime` 表示日志达到时间、`source` 表示 APP 是从哪个 AppStore 安装的、`userId` 为登录后的大众点评的用户 ID。Spout 的数据 Shuffle 到 `MobileLogParserBolt` 上，保证每个日志的 Parser 节点分到的数据基本上相同。

```
@Override
public void declareOutputFields(OutputFieldsDeclarer declarer) {
    declarer.declare(new Fields("trainId","deviceId", "addtime", "source", "userId"));
}
```

（3）`DPIDBolt`：根据 `deviceId` 和 `trainId` 从 HBase 获取对应的 DPID。DPID 是大众点评对每个安装了点评 APP 的设备所标识的唯一 ID，只要设备不变，DPID 就是同一个。`deviceId` 和 DPID 存在映射关系，目的是当 `deviceId` 切换（随着 OS 对安全性的策略改变，设备可以获取到的 ID 会发生变化，如从 IMEI 变成 UUID）的时候，我们还可以正确标识这个设备。在 HBase 中，维护了 DPID 到 `deviceId` 的多对多的映射关系。`MobileLogParserBolt` 输出的数据根据 `trainId` 和 `deviceId` fieldsGrouping 输出到 `DPIDBolt` 中，相同的 `trainId` 和 `deviceId` 可以到同一个 Bolt。这样 `DPIDBolt` 可以在内部缓存，减少 HBase 访问的次数。`DPIDBolt` 的输出为：

```
@Override
public void declareOutputFields(OutputFieldsDeclarer outputfieldsdeclarer) {
    outputfieldsdeclarer.declare(new Fields("trainId", "dpid", "isNew", " addtime", "source"));
}
```

在 `DPIDBolt` 中，同时会实时更新 DPID 和 `userId` 的映射关系。如果这个 DPID 是今天新产生的，那么 `isNew` 为 true，表示是个新用户。

（4）`PartialUVBolt`：在 `PartialUVBolt` 中，主要是统计不同设备的 DPID 出现次数（UV），如果今天这个 DPID 之前没有访问过，次数加 1，否则不计算。为了保证数据不出错，数据会存储到 Redis 中。当某个 Bolt 出现错误的时候，数据不会丢失。每隔 10 秒会将计数值输出。

```
@Override
public void declareOutputFields(OutputFieldsDeclarer outputFieldsDeclarer) {
    outputFieldsDeclarer.declare(new Fields("type", "date", "dau", "newUV", "source"));
}
```

type 等同于前面的 `trainId`，`date` 表示当前是那个计算周期，`dau` 就是当前计算周期的 UV 值，`newUV` 是当前计算周期的新 UV 值，`source` 是当前计算周期来源的渠道。`DPIDBolt` 和 `PartialUVBolt` 之间是 `fieldsGrouping`，也就是相同的 `trainId` 和 `DPID` 发送到同一个 `PartialUVBolt` 中。`PartialUVBolt` 的数据是每隔一定周期发射出去，具体的周期是依靠 Tick Tuple 消息来完成。重载在 Bolt 的 `getComponentConfiguration()` 方法：

```
@Override
public Map getComponentConfiguration(){
    Map<String, Object> conf = new HashMap<String, Object>();
    conf.put(Config.TOPOLOGY_TICK_TUPLE_FREQ_SECS, Constants.EMIT_FREQUENCY_IN_SECONDS);
    return conf;
}
```

这样 `PartialUVBolt` 就可以以 `Constants.EMIT_FREQUENCY_IN_SECONDS` 的频率收到 Tick Tuple 消息，然后在 Bolt 的 execute 方法中，判断是 Tick Tuple，就发射数据出去。判断的方法为：

```
public static boolean isTickTuple(Tuple tuple) {
    return tuple.getSourceComponent().equals(Constants.SYSTEM_COMPONENT_ID) &&
tuple.getSourceStreamId().equals(Constants.SYSTEM_TICK_STREAM_ID);
}
```

（5）AggregatorUVBolt：AggregatorUVBolt 完成的是将 `PartialUVBolt` 的数据聚合起来，根据不同的 type 计算当前周期的数据汇总，汇总完毕的数据发射到 `PersistenceUVBolt` 中。

（6）PersistenceUVBolt：PersistenceUVBolt 就是将数据写入 MySQL 中，然后由 RPC 服务提供给不同的使用者，包括 Dashboard、微信公众号和大众点评的内部 APP 等，用来展示或者报警等。

整个 Topology 的构建参考下面的代码逻辑：

```
public class MobileUVTopology {
private static final int TOPOLOGY_NAME_INDEX = 0;

    private static final String BLOCKHOLE_TOPIC = "dpods_log_mobile-log-web_MAIN";
private static final String MOBILE_WEB_MAIN_SPOUT_ID = "MobileWebMainSpout";
private static final String LOG_PARSER_ID = "LogParser";
private static final String DPID_ID = "DPID";

public static void main(String[] args) throws Exception {

    TopologyBuilder builder = new TopologyBuilder();
    String TopologyName = getTopologyName(args);
```

```java
builder.setSpout(MOBILE_WEB_MAIN_SPOUT_ID ,
    new BlackholeBlockingQueueSpout(BLOCKHOLE_TOPIC, getTopologyName(args)),
        CommonUtil.getParallelism(args, 1));
builder.setBolt(LOG_PARSER_ID, new MobileLogParserBolt(),
    20).shuffleGrouping(MOBILE_WEB_MAIN_SPOUT_ID, BLOCKHOLE_TOPIC);
builder.setBolt(DPID_ID, new DPIDBolt(),
    24).fieldsGrouping(LOG_PARSER_ID, new Fields("trainId","deviceId"));
builder.setBolt(Constants.PARTIAL_UV_ID, new PartialUVBolt("APP"),
    16).fieldsGrouping(DPID_ID, new Fields("trainId","dpid"));
builder.setBolt(Constants.AGGREGATOR_UV_ID, new AggregatorUVBolt(),
    1).noneGrouping(Constants.PARTIAL_UV_ID);
builder.setBolt(Constants.PERSISTENCE_UV_ID, new PersistenceUVBolt("APP",
    TopologyName), 2).shuffleGrouping(Constants.AGGREGATOR_UV_ID);

Config conf = new Config();

if (args != null && args.length > 0) {
    conf.setNumWorkers(8);
    conf.registerMetricsConsumer(
        backtype.storm.metric.LoggingMetricsConsumer.class, 1);
    conf.registerMetricsConsumer(
        com.dianping.cosmos.metric.CatMetricsConsumer.class, 1);
    StormSubmitter.submitTopology(args[0], conf, builder.createTopology());
} else {
    LocalCluster cluster = new LocalCluster();
    cluster.submitTopology("MobileUV", conf, builder.createTopology());
}
}

private static String getTopologyName(String[] args) {
    try {
        return args[TOPOLOGY_NAME_INDEX];
    } catch (Exception e) {
        return "MovileUV";
    }
}
}
```

网页实时 DAU 结果的部分 Dashboard 如图 9-3 所示。

从图上可以看出，10 点半左右有个高峰，通常是某个运营活动（如抽奖、抢红包等）产生的，从该图可以直接看出运营的效果。

从日环比和周同比（如图 9-4 所示）可以看出今天的用户访问情况是增加还是减少了，如果发生明显增加或者减少就可以及时分析问题，采取应对的策略。

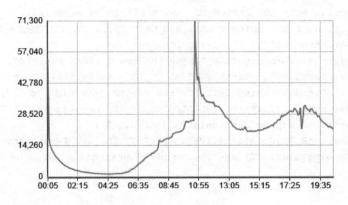

图 9-3　每 5 分钟的新 DAU

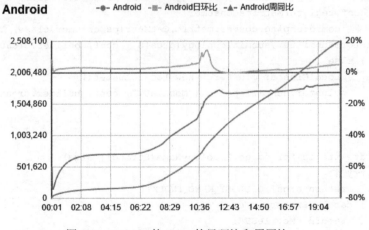

图 9-4　Android 的 DAU 的日环比和周同比

9.2　实时推荐系统

9.2.1　推荐系统介绍

自从 1992 年施乐的科学家为了解决信息负载的问题，第一次提出协同过滤算法，个性化推荐已经经过了二十几年的发展。1998 年，林登和他的同事申请了"item-to-item"协同过滤技术的专利，经过多年的实践，亚马逊宣称销售的推荐占比可以占到整个销售 GMV（Gross Merchandise Volume，即年度成交总额）的 30%以上。随后 Netflix 举办的推荐算法优化竞赛，吸引了数万个团队参与角逐，期间有上百种的算法进行融合尝试，加快了推荐系统的发展，其中 SVD（Sigular Value Decomposition，即奇异值分解，一种正交矩阵分解法）和 Gavin Potter 跨界的引入心理学的方法进行建模，在诸多算法中脱颖而出。其中，矩阵分解的核心是将一个非常稀疏的用户评分矩阵 R 分解为两个矩阵：User 特性的矩阵 P 和 Item 特性的矩阵 Q，用 P 和 Q 相乘的结果 R'来拟合原来的评分矩阵 R，使得矩阵 R'在 R 的非零元素那些位置上的值尽量接近 R 中的元素，通过定义 R 和 R'之间的距离，把矩阵分解转化成梯度下降等求解的局部最优解问题。Netflix 最新的实时推荐系统如图 9-5 所示。

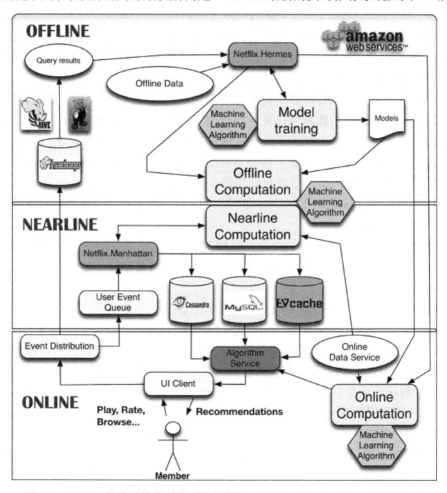

图 9-5 NetFlix 的实时推荐系统系统架构图（来源：http://techblog.netflix.com/2013/03/system-architectures-for.html）

与此同时，Pandora、LinkedIn、Hulu、Last.fm 等一些网站在个性化推荐领域都展开了不同程度的尝试，使得推荐系统在垂直领域有了不少突破性进展，但是在全品类的电商、综合的广告营销上，进展还是缓慢，仍然有很多的工作需要探索。特别是在全品类的电商中，单个模型在母婴品类的效果还比较好，但在其他品类就可能很差，很多时候需要根据品类、推荐栏位、场景等不同，设计不同的模型。同时由于用户、SKU 不停地增加，需要定期对数据进行重新分析，对模型进行更新，但是定期对模型进行更新，无法保证推荐的实时性，一段时间后，由于模型训练也要相当时间，可能传统的批处理的 Hadoop 的方法，无法再缩短更新频率，最终推荐效果会因为实时性问题达到一个瓶颈。

推荐算法主要有基于人口统计学的推荐、基于内容的推荐、基于协同过滤的推荐等，而协同过滤算法又有基于邻域的方法（又称基于记忆的方法）、隐语义模型、基于图的随机游走算法等。基于内容的推荐解决了商品的冷启动问题，但是解决不了用户的冷启动问题，并且存在过拟合问题（往往在训练集上有比较好的表现，但在实际预测中效果大打折扣），对领域知识要求也比较高，通用性和移植性比较差，换一个产品形态，往往需要重新构建一套，对于多媒体文件信息特征提取难度又比较大，往往只能通过人工标准信息。基于邻域的协同过滤算法，虽然也有冷启动问题和数据稀疏性等问题，但是没有领域知识要求，算法通用性好，增加推荐的新颖性，并且对行为丰富的商品，推荐准确度较高。基于模型的协同过滤算法在一定程度上解决了基于邻域的推荐算法面临的一些问题，在 RMSE（Root Mean Squared Error，即均方根误差）等推荐评价指标上更优，但是通常算法复杂，计算开销大，所以目前基于邻域的协同过滤算法仍然是最为流行的推荐算法。

基于邻域的协同过滤主要分为 User CF 和 Item CF，根据以下条件不同，各自又有不同的使用场景。

- 计算量大小不同。基于邻域的协同过滤的时间复杂度为 $O(n^2m)$，其中 n 为用户数，m 为产品数，应用 SVD 等降维方法可以降低算法复杂度，但是分解矩阵又会花费一定的时间。
- 数据稀疏性倾斜度不同。例如，User CF 主要基于用户对共同项目的评分，如果用户远远多于物品，没有足够评分将导致两个用户很少有共同评分的项目，找最近邻用户非常的不准确，虽然通过基于 BP 神经网络、朴素贝叶斯分类、基于内容的预测等方法可以填充矩阵，但是都会不同程度地带来的计算时间。

对于用户数量远远大于产品，并且产品相对稳定的电商系统，计算产品相似度计算量小，适用 Item CF，否则用户量大，并且如果用户购买频繁，计算用户相似度计算量很大，极端情况下，100 个用户对应 2 个产品，一个要计算 C_{100}^2 次相似度，一个只要计算 C_2^2，即一次相似度；反之，对于更新频繁，物品数量海量的新闻、博客、微博等系统，User CF 效果更好。

当然，虽然 SVD 在分解矩阵上花费了一定时间，同时降维也会导致用户-项目矩阵中的信息丢失，但是用户-项目矩阵降维后，运算复杂度大大降低，同时矩阵稀疏性问题得到了较好地解决，作为 Netflix 比赛中最终提升效果较好的两个方法之一，被众多网站采用。

用户-项目矩阵中的信息丢失问题可以通过选取合适的保留维数 k 在一定程度上得到缓解。

在一个电商系统中,有商品、类目、品牌、团购、闪购、搜索、店铺、广告、促销活动、抵用券等诸多实体;有首页的大轮播、猜你喜欢栏位,详情页的看了还看、看了还买、推荐品牌等栏位,购物车页面的买了还买、凑单免邮等栏位。如何在不同的栏位融入不同的推荐算法给用户推荐相应的实体,构建出属于电商自己的场景引擎,实现全站精准化,让网站的 GMV 或者利润达到最高,是每一个电商需要思考的问题。在实际中,很多推荐算法不一定要求实时,实时推荐在哪些场景下能带给栏位更高的 GMV 转化率,也是需要一定时间摸索和试错的。

目前基于用户画像的推荐,主要用在基于内容的推荐,从最近的 RecSys 大会(ACM Recommender Systems)上来看,不少公司和研究者也在尝试基于用户画像做 Context-Aware 的推荐(情境感知,又称上下文感知)。利用用户的画像,结合时间、天气等上下文信息,给用户做一些更加精准化的推荐是一个不错的方向。

9.2.2 实时推荐系统的方法

目前的商用推荐系统,当用户数和商品数达到一定数目时,推荐算法都面临严重的可扩展性问题,推荐的实效性变得非常差,如何在算法和架构上提高推荐速度是很多公司不得不思考的问题。目前,在算法上主要通过引入聚类技术和改进实时协同过滤算法提高推荐速度;在架构上,目前实时推荐主要有基于 Spark、Kiji 框架和 Storm 的流式计算 3 种方法。

1. 聚类技术和实时协同过滤算法

在算法上,一般采用 EM(Expectation-Maximization)、K-means、吉布斯(Gibbs Sampling)、模糊聚类等聚类技术提高推荐速度。因为使用聚类技术可以大大缩小用户或项目的最近邻居搜索范围,从而提高推荐的实时性,如表 9-1 所示。

表 9-1 聚类技术比较

算法	概念	缺点
EM	最大期望算法,估计用户或项目属于某一类的概率	每个用户或项目属于两个不同的用户分类或项目分类,EM 算法就不再适用
K-means	主要思想是以空间中 k 个点为中心进行聚类,对最靠近它们的对象归类。通过迭代的方法,逐次更新各聚类中心的值,直至得到最好的聚类结果	聚类数目 k 需要事先给定而且不同的应用中 k 值是不同的,难于选取。 另外初始聚类中心是随机选取的,对于同一组数据,可能因为初始聚类中心的不同而产生不同的聚类结果。 有些类型的数据,比如说全是 1 和 0 组成的一个二进制数组,如果要对这种二进制数组进行聚类,K-means 不适合,因为如果采用欧式距离,很难定义和计算它们的聚类中心点,这时可以采用 Jaccard 相似度和 ROCK 等层次聚类算法

续表

算　法	概　念	缺　点
吉布斯采样	与 EM 算法类似，不同的是吉布斯采样方法基于贝叶斯模型，计算可以离线进行	算法复杂度较大，聚类过程比较耗时
模糊聚类	利用模糊等价关系将给定的对象分为一些等价类，并由此得到与关系对应的模糊相似矩阵，该模糊相似矩阵满足传递性.根据相似矩阵求出其传递关系的闭包，然后在传递关系的闭包上实现分类，计算可以离线进行	可能性划分的收敛速度慢，当数据离散程度大，即数据灰度大，预测精度越差，需要对历史数据的平滑处理

除此之外，实时协同过滤算法本身一直是人们研究的热点，早在 2003 年，Edward F. Harrington 就第一次提出了基于感知器的实时协同过滤算法，但是这种方法需要所有用户的偏好，实用性较差；2010 年，杨强等提出了实时进化的协同过滤算法，给予新得分更高的权重来增量更新 User 和 Item 的相似度；2011 年，UC Berkeley 的 Jacob Abernethy 等人提出了 OCF-SGD 算法，我们知道传统的矩阵分解把用户评分矩阵 R 分解成多个矩阵，比如 R≈P*Q，该方法提出当新来一个 User 到 Item 的得分，把更新 R 矩阵的问题转换成更新 P 和 Q 矩阵，从而达到实时协同过滤；近几年的 RecSys 大会上，实时协同过滤也是讨论的热点，OCF-SGD 算法每次只考虑一个用户，忽略了用户之间的关系，Jialei Wang 等人提出了基于多任务学习的实时协同过滤算法，把每一个用户当做一个任务，定义一个表示各个任务间相似性和交互程度的矩阵 A，当新来一个 User 到 Item 的得分，通过矩阵 A 来更新其他用户的得分。

2. 基于 Spark 的方式

在架构上，第一种是使用 Spark 把模型计算放在内存中，加快模型计算速度，Hadoop 中作业的中间输出结果是放到硬盘的 HDFS 中，而 Spark 是直接保存在内存中，因此 Spark 能更好地适用于数据挖掘与机器学习等需要迭代的模型计算，如表 9-2 所示。

表 9-2　MapReduce 和 Spark 的 Shuffle 过程对比

	MapReduce	Spark
collect	在内存中构造了一块数据结构用于 Map 输出的缓冲	没有在内存中构造一块数据结构用于 Map 输出的缓冲，而是直接把输出写到磁盘文件
sort	Map 输出的数据有排序	Map 输出的数据没有排序
merge	对磁盘上的多个 spill 文件最后进行合并成一个输出文件	在 Map 端没有 merge 过程，在输出时直接是对应一个 Reduce 的数据写到一个文件中，这些文件同时存在并发写，最后不需要合并成一个
copy 框架	Jetty	Netty 或者直接 socket 流
对于本节点上的文件	仍然是通过网络框架拖取数据	不通过网络框架，对于在本节点上的 Map 输出文件采用本地读取的方式

	MapReduce	Spark
copy 过来的数据存放位置	先放在内存，内存放不下时写到磁盘	一种方式全部放在内存；另一种方式先放在内存
merge sort	最后会对磁盘文件和内存中的数据进行合并排序	对于采用另一种方式时也会有合并排序的过程

（来源：http://www.csdn.net/article/2014-05-19/2819831-TDW-Shuffle/2）

3. 基于 Kiji 框架的方式

第二种是使用 Kiji，它是一个用来构建大数据应用和实时推荐系统的开源框架，本质上是对 HBase 上层的一个封装，用 Avro 来承载对象化的数据，使得用户能更容易地用 HBase 管理结构化的数据，使得用户姓名、地址等基础信息和点击、购买等动态信息都能存储到一行，在传统数据库中，往往需要建立多张表，在计算的时候要关联多张表，影响实时性。Kiji 与 HBase 的映射关系如表 9-3 所示。

表 9-3 Kiji 到 HBase 的映射关系

项	Kiji	HBase
Entity 相关	Entity	相同键的值都属于同一行
	EntityID	行键（row key）
Column 相关	locality:family:key	Family:qualifier
	locality	Family
	Family:key	Qualifier
Schema 相关	Table Layout	HBase 上的 KijiMetaTable，如 kiji.default.meta
	Cell Schema	Avro Schema
	Cell Schema mapping	HBase 上的 Schema Table，如 kiji.default.schema_hash、keji.default.schema_id

Kiji 提供了一个 KijiScoring 模块，它可以定义数据的过期策略，如综合产品点击次数和上次的点击时间，设置数据的过期策略把数据刷新到 KijiScoring 服务器中，并且根据自己定义的规则，决定是否需要重新计算得分。如用户有上千万浏览记录，一次的行为不会影响多少总体得分，不需要重新计算，但如果用户仅有几次浏览记录，一次的行为，可能就要重新训练模型。Kiji 也提供了一个 Kiji 模型库，使得改进的模型部署到生产环境时不用停掉应用程序，让开发者可以轻松更新其底层的模型。

4. 基于 Storm 的方式

最后一种基于 Storm 的实时推荐系统。在实时推荐上，算法本身不能设计的太复杂，并且很多网站的数据库是 TB、PB 级别，实时读写大表比较耗时。可以把算法分成离线部分和实时部分，利用 Hadoop 离线任务尽量把查询数据库比较多的、可以预先计算的模型先训练好，或者把计算的中间数据先计算好，比如，线性分类器的参数、聚类算法的群集位置或者协同过滤中条目的相似性矩阵，然后把少量更新的计算留给 Storm 实时计算，一般是具体的评分阶段。

9.2.3　基于 Storm 的实时推荐系统

基于本章前面的学习，我们可以设计图 9-6 所示的实时推荐系统。

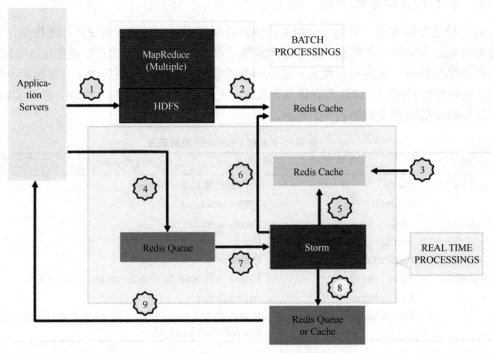

图 9-6　实时推荐系统（图片来源 PRANAB GHOSH，Big Data Cloud meetup。版权归原书作者所有）

用 HBase 或 HDFS 存储历史的浏览、购买行为信息，用 Hadoop 基于 User CF 的协同过滤，先把用户的相似度离线生成好，用户到商品的矩阵往往比较大，运算比较耗时，把耗时的运行先离线计算好，实时调用离线的结果进行轻量级的计算有助于提高产品的实时性。

我们来简单回顾一下协同过滤算法（如图 9-7 所示）：首先程序获取用户和产品的历史偏好，得到用户到产品的偏好矩阵，利用 Jaccard 相似系数（Jaccard coefficient）、向量空间余弦相似度（Cosine similarity）、皮尔逊相关系数（Pearson correlation coefficient）等相似度计算方法，得到相邻的用户（User CF）或相似商品（Item CF）。在 User CF 中，基于用户历史偏好的相似度得到邻居用户，将邻居用户偏好的产品推荐给该用户；在 Item CF 中，基于用户对物品的偏好向量得到相似产品，然后把这款产品推荐给喜欢相似产品的其他用户。

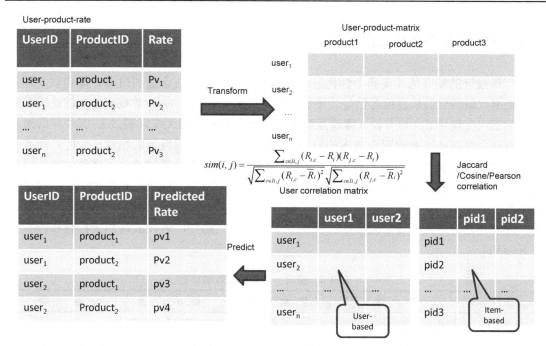

图 9-7　协同过滤算法过程

然后通过 Kafka 或者 Redis 队列,保存前端的最新浏览等事件流,在 Storm 的 Topology 中实时读取里面的信息,同时获取缓存中用户 topN 个邻居用户,把邻居用户喜欢的商品存到缓存中,前端从缓存中取出商品,根据一定的策略,组装成推荐商品列表。

当然除了相似性矩阵,其他模型大体实现也相似,比如实际的全品类电商中不同的品类和栏位,往往要求不同的推荐算法,如母婴产品,如图 9-8 所示,如果结合商品之间的序列模式和母婴年龄段的序列模式,效果会比较好,可以把模型通过 Hadoop 预先生成好,然后通过 Storm 实时计算来预测用户会买哪些产品。

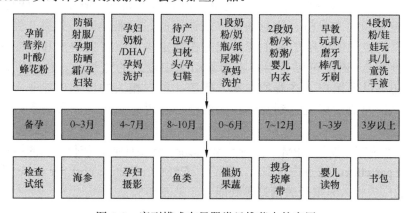

图 9-8　序列模式在母婴类目推荐中的应用

9.3 广告投放的精准化

广告投放的精准化其实和个性化推荐本质是一样,都是在合适的时间、地点以及场景下,把用户最需要的信息推荐给他。不算黑暗互联网,广告、秀场/游戏和电商被认为是互联网的三大变现模式(也有说,移动互联网多了增值服务第四大变现模式),其中广告对收入的驱动力最直接,商业驱动技术的发展,造就了精准化营销发展的相对比较好;而推荐对电商的收入贡献是间接的(要知道现在电商的盈利模式不是通过差价,目前主要的盈利模式还是基于阿里巴巴的租金和渠道的流量模式,以及唯品会的清理尾货的模式),对于比较标准化的产品,互联网的信息对称让价格变得透明,通过差价来盈利目前还是比较困难的,除非有通过政策或者合同壁垒,只能独家销售的产品。广告投放区别于推荐和搜索主要见表9-4。

表9-4 搜索、广告和推荐的比较

	搜 索	搜 索 广 告	显 示 广 告	推 荐
个性化	较少的个性化需求		TB级别个性化需求	
需求点	反作弊,索引规模等	质量,安全性,CTR预估等		多样性,覆盖度等
关注点	相关性	投资回报率(ROI)		GMV、利润等提高
常用算法	PageRank算法,NLP等	逻辑回归等		协同过滤,关联规则,内容推荐等

9.3.1 点击率预测

互联网广告的蓬勃发展,让广告的精准化需求越来越大,计算广告学正在成为一个兴起的分支学科。2009年由Yahoo!的资深研究员Andrei Broder提出的计算广告学涉及大规模搜索和文本分析、信息获取、统计模型、机器学习、分类、优化以及微观经济学。计算广告学所面临的最主要挑战是在特定语境下特定用户和相应的广告之间找到"最佳匹配"。语境可以是用户在搜索引擎中输入的查询词,也可以是用户正在读的网页,还可以是用户正在看的电影,等等;用户相关的信息可能非常多也可能非常少;潜在广告的数量可能达到几十亿。但核心的思想都是为了市场参与者的利益平衡与最大化。

广告的收费模式主要有CPM(cost per thousand impressions,按每千次的展示进行付费)和CPC(cost per click,按点击付费),通常用eCPM(effective cost per mille,每一千次展示可以获得的广告收入)来反映网站盈利能力,见表9-5。

9.3 广告投放的精准化

表 9-5 CPM 和 CPC 比较

	CPM	CPC
主要应用	显示广告，如图形多媒体广告、条幅广告	搜索广告、广告联盟的排序规则
特征	固定 eCPM	动态 eCPM 和固定点击值

在 CPC 环境中，通过 eCPM 对广告进行排名。eCPM=bidPrice×CTR，其中 bidPrice 是指广告主给出的竞拍价格，CTR（Click Through Rate）是我们预估的该广告的点击率，总体结果越高越容易被展示。广告的 bidPrice 可事先确定，然后根据每个广告的最大价值和历史 bidPrice，不断调整最新的 bidPrice。广告的最大价值由 CTR、客户愿意支付的 CPC 和毛利率目标来计算得到，其中最关键的是根据广告创意等特征估算广告的 CTR。一般做法是通过逻辑回归等机器学习模型，根据查询和广告的特征来预估 CTR。逻辑回归几乎是所有广告系统和推荐系统中点击率预估模型的基本算法，可以用来判断是否是垃圾邮件，是不是金融欺诈，等等，逻辑回归同时也是目前互联网广告的三大机器学习系统之一（另外两个是隐含主题模型和深度神经网络系统）。

逻辑回归的模型将多维特征根据其训练得到的权重和当前计算得到的值回归到（0,1）区间上的一个概率值，对于预估点击率来说，即表示用户可能点击广告的概率。它是一个非线性的 sigmoid 模型，本质上还是一个线性回归模型，因为除去 sigmoid 映射函数关系，其他的步骤和算法都是线性回归的，一般采用如下公式：

$$g(y=1|X) = \frac{1}{1+e^{-\theta^T X}}$$

$$g(y=-1|X) = \frac{1}{1+e^{-\theta^T X}}$$

Logistic 曲线如图 9-9 所示，逻辑回归就是通过拟合 Logistic 曲线，最终得到不同特征的权重，从而预测某个事例出现的概率。

其中 X 是输入变量，y 是输出，θ 是特征权向量，X 可以是用户，广告，上下文组成的数据对<用户，广告，上下文>。预测 CTR 中，$y=1$ 代表用户会点击该广告，$y=-1$ 代表用户不会点击该广告。X 中<用户，广告，上下文>数据对可以由数据对相应的特征向量构成，其特征可以达到 10 亿数量级，比如图 9-10 的组合。

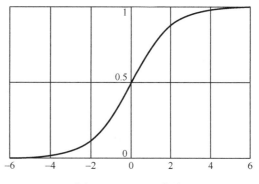

图 9-9 Logistic 曲线

用户 + 广告 + 上下文 = 是否点击
用户基本属性、行为属性、兴趣标签　　广告特征、图像特征、分类、位置　　LBS, 时间, 天气　　1,0

图 9-10 用户历史数据

其问题转换为通过历史中用户是否点击广告的情况,作为训练集来求解 θ,从而得到模型。可以利用极大似然法估算模型的参数:

$$\prod_{j=1}^{M} P(y_j \mid X_j, \theta)$$

转换为使得以上公式的结果概率最大,因为前面线性回归中梯度下降法是求最小值,通过对公式取负 log,转换为求最小值问题,给 θ 赋予随机值,通过反复迭代得到极小值,作为最终的 θ。

$$\min \sum_{j=1}^{M} -\log(p(y_j \mid X_j, \theta))$$

CTR 除了用在搜索的竞价广告中,在目前的实时竞价中也有广泛应用,实时竞价过程一般通过 cookie 映射(cookie mapping)技术关联用户,我们把实时竞价中的各方简化成 ADX 和 DSP。

- ADX:Ad exchange。互联网广告交易平台,联系的是广告交易的买方和卖方,也就是广告主方和广告位拥有方。谷歌、百度、淘宝、腾讯等拥有自己的 ADX。
- DSP:Demand Side Platform。可以看作流量的购买方,为广告主服务。广告主可以通过 DSP 购买流量,达到营销的目的。DSP 通过接入 ADX 中,参与竞价,购买所需要的广告位。

当用户访问一个加入应用 ADX 服务的网站,网站上相关栏位出租广告,各个 DSP 通过 cookie 映射和 ADX 建立映射,识别为同一用户,然后 DSP 根据从 ADX 或者广告主等得到的用户信息,自动对广告进行出价,ADX 也通过用户历史数据,预测 CTR,对各个 DSP 出价的广告进行排名,显示收入最高的广告。实时竞价的过程如图 9-11 所示。

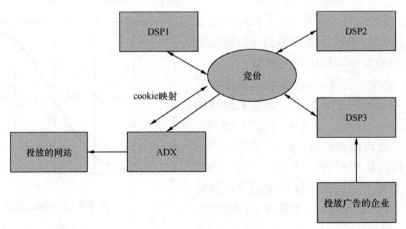

图 9-11 实时竞价过程

当然有些用户经常关闭 cookie 功能或者清空 cookie,现实当中除了通过 cookie 映射来关联用户,还有很多种方式,具体可以参考访客追踪的开源项目 evercookie,它可以通过

standard HTTP cookies、Flash cookies、HTTP Etags、window.name.caching、userDatastorage、你强制缓存的 PNG 的 RGB 值、Web history、HTML5 一些特有的存储特性等来关联用户的行为，但是切勿用于非法用途。

实时的 CTR 预测主要通过加快更新用户历史点击率的数据，越及时，预估出来的点击率就越准确。实际生产环境中，更新频次依赖于训练数据的规模、日志数据的回流速度以及集群规模等因素。在数据稀疏的情况下，可以通过经典的贝叶斯方案对点击率做平滑，贝叶斯需要通过先验概率训练参数。为提高实时性，也可以用一些简单的平滑公式做点击率平滑来提高性能。

9.3.2 搜索引擎营销

目前提高流量的方式有搜索引擎营销（Search Engine Marketing，SEM）、网盟、搜索引擎优化（Search Engine Optimization，SEO）等。各大互联网巨头抢占流量入口，目前搜索引擎仍然是主要的流量入口之一，每天十几亿的 PV，应用得当，会让网站跨上千万级的 PV。SEM 的优化工作分为关键词选取、创意登录页面设计、网站结构优化等，在一个电商网站中，关键字又主要分为品牌词、竞品词、通用词、商品词等，其中商品词是流量的主要来源。一个网站拥有百万的 SKU，通过人工管理代价很大，同时一些热门事情，如果处理不及时，会让几个热门词几分钟会花完网站一天的预算，所以需要一套智能的系统自动做 SEM。SEM 包含预警模块，用来实时监控投放数据、库存、热门关键字等，保证投放的时效性；还有爬虫模块，用来实时爬取投放关键字在搜索引擎中的排名，判断什么时候可以降低出价，让关键词出现在最好的位置，平衡高排名关键字的成本和转换率。当然，数百万的关键词，往往性能是很大的瓶颈。目前 Storm 在实时监控数据和实现爬虫上，都有不少的应用，利用 Storm 和内存数据库可以很好地解决 SEM 中实效性的问题。

9.3.3 精准化营销与千人千面

腾讯等公司在投放广告的时候，可以根据用户标签信息、用户原始行为和商圈等定向地投放广告，如图 9-12 和图 9-13 所示。

而下层的支持很大一块是准实时的用户画像系统，结合不同的场景用不同的算法展现广告或者物品。通过 Storm 的 Spout 实时收集不同的数据源的行为，从而屏蔽不同数据源的差异性，通过 Bolt 提取各种行为的标签，对各类标签进行去噪、补充近义词/同义词等进行数据清洗，然后把统计次数存入存储引擎中，最后根据历史统计的次数，实时计算得到的用户的兴趣度。通过图 9-14 可以看到，为了在海量数据下达到实时性，腾讯设计的实时计算的算法不是很复杂，没有对用户当前类目的其他相关类目的兴趣度进行降权，甚至没对当前类目的兴趣度根据日期变化进行相关衰减等，算法精准性、数据量、实时性总是一个相互制约的过程，腾讯牺牲了部分算法的精准性提高了实时性。

第 9 章 大数据应用案例

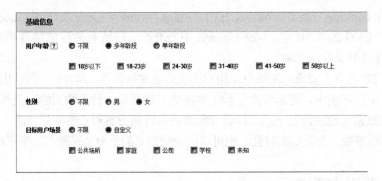

图 9-12 选择用户基本信息投放广告
（截取自腾讯广点通网站 e.qq.com，图中相关内容的著作权归属原著作权人所有）

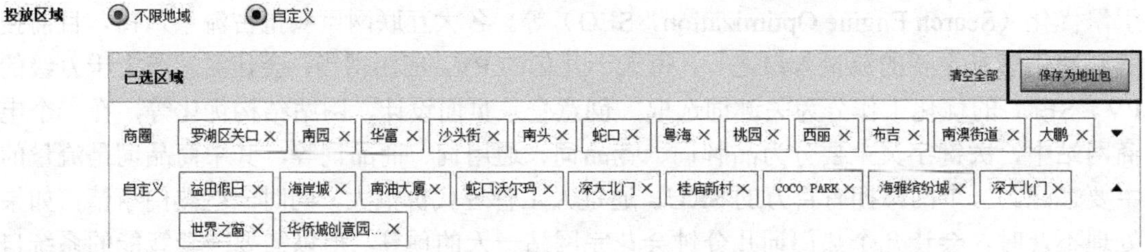

图 9-13 选取区域投放广告（截取自腾讯广点通网站 e.qq.com，图中相关内容的著作权归属原著作权人所有）

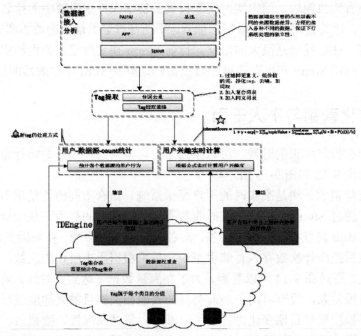

图 9-14 腾讯实时画像系统（图片来源腾讯广点通介绍，图中相关内容的著作权归属原著作权人所有）

阿里通过阿里妈妈达摩盘来做消费者洞察和精准化营销，如图 9-15 和图 9-16 所示，商家或运营通过选取用户画像标签、商品信息以及天气、时间等上下文信息，对用户进行分群投放广告，或者对新客、半新客等不同生命周期的用户采取不同的引导，从而达到精准化营销。

分类标签	加上	气象信息标签	加上	基础信息标签
行业偏好 通用标签 类目搜索偏好 类目点击偏好 类目收藏偏好 类目购买偏好 店铺通用 浏览量 收藏量 访问来源 钻展相关 店铺通用 消费情况	+	天气现象	+	基础信息 网购信息 上网行为 基础消费能力——消费笔数 基础消费能力——消费金额

图 9-15　选取用户群

人群特征	标签组合
更多精准组合	年龄+30天浏览1次以上+30天收藏1次以上+7天购买0 年龄+性别+15天浏览1次以上+15天收藏1次以上+15天购买0 其他这种精准的组合类型
浏览+购买/购物车/收藏	浏览类标签+店铺购买类标签组合 浏览类标签+购物车是否有店铺宝贝 浏览类标签+收藏量（昨日/3/7/15/30/90/180天宝贝页总收藏量）
购买or购物车or收藏	消费情况（购买频次/金额/笔数、购买类均价、昨日/3/7/15/30/90/180天） 收藏量（昨日/3/7/15/30/90/180天宝贝页总收藏量） 购物车是否有店铺宝贝
店内宝贝页浏览	浏览量（昨日/3/7/15/30/90/180天总浏览量）
是店铺用户	是店铺用户+基础信息（性别、年龄、职业、星座、教育等）

图 9-16　人群分析（来源：http://www.split.alimama.com/college_detail.htm?spm= a2320.7393609.0.0.N10Q2c&contentId=633）

其他大型手机制造商，可以根据收集到的用户的详细行为，为应用开发者提供相应的广告接口，应用开发者开发相应的应用时，只需要调用它们的广告 API，填入基本的用户群标签信息和广告的位置、大小等信息，就可以完成精准化的广告投放。

亚马逊等网站的千人千面基本也是基于用户标签、用户浏览、购买、搜索、加车等行为来让运营或者商家选取用户群，在非广告的栏位通过后台算法筛选出最优的产品展示在栏位上，这样运营和商家根据自己的产品特点，可以自己来选取人群（比如：一个月前买过洗发水，最近一月没有买过洗发水的用户；最近一周浏览和收藏过手机，但是没有购买的用户）。对于广告栏位，广告主通过选取用户群和栏位进行竞价，展示在用户前面的商品也是另外一种形式的千人千面。电商网站的精准化营销和千人千面可以基于如图 9-17 所示的统一平台来完成。

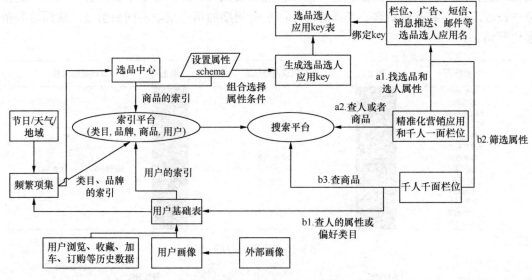

图 9-17 精准化营销和千人千面统一平台

（1）根据用户画像和用户历史数据生成用户维度的基础表，在索引平台建立用户维度的索引。

（2）抽取商品的各种属性建立选品中心，在索引平台建立商品的索引。

（3）根据天气、地域等上下文信息和用户基础表，通过 Apriori、FP-Growth 等关联规则挖掘算法，挖掘出和类目或品牌经常一起出现的属性集合（称为频繁项集），然后在索引平台建立类目和品牌的索引。

（4）设置索引平台用户和商品等维度的 Schema，选人、选品应用根据这些 Schema 的属性组合生成唯一的键。

（5）新建栏位或者短信、邮件等精准化营销的应用名，绑定到相应的键（通过这些键找到具体的查询条件）。

（6）精准化营销的产品或者千人一面的栏位就可以根据上一步的应用名，找到选人或选品需要的具体的属性条件，然后通过搜索平台精准的找出商品或用户。

（7）对于千人千面的栏位可以通过用户基础表找出用户的属性，然后根据之前设置的键，筛选出需要的属性，最后通过搜索平台找出相应的商品个性化的展现在栏位上。

基于目前流行的 ElasticSearch 或 Solr 建分布式索引和搜索平台，前端每个千人千面栏位哪怕只访问一次索引往往也需要较多的机器，也可以通过给栏位设置相应的选人和选品的属性条件，每天离线生成每一个栏位的用户到产品的映射关系，存到 MySQL 或 HBase 中，前端栏位根据访问的当前用户，直接读取用户-产品的映射表来实现千人千面的个性化推荐。

9.4 实时意图和搜索

在 PC 互联网时代,谷歌 2005 年就推出了个性化搜索服务,因为引发公众对隐私的担忧,没有太商业化,如今移动互联网时代,去哪儿、京东等电商,慢慢都推出了个性化搜索,无论消费者登录与否,通过追踪客户的搜索行为来判断其消费喜好,即便用户退出登录,也会根据 Cookie、设备号等信息,给用户返回个性化的搜索内容。当然搜索引擎本身的爬虫/反爬虫等异常检测、对搜索关键字分词后进行同义词/反义词/全半角/简繁体等自动扩展以及错别字的纠正都可以在实时计算中进行数据清洗。例如,eBay 应用 Jetstream 流处理技术,对海量的用户行为进行了实时的数据清洗。

要让个性化的搜索内容更加精准,需要打通外部用户画像和不断更新着的商家的服务、商品等。在电商的搜索系统中,为了解决搜索的并发和性能,往往有内存中的实时分布式索引和硬盘中的全量索引,热门商品信息直接从内存中读取,当内存中不存在时,才从硬盘中读全量索引。在实时流计算出来之前,初始化分布式索引对索引的切分很多时候是根据类目。不同的类目的 PV 和产品数不一样,根据每一个类目的 PV 和产品数不同,对产品的索引进行切分。有的类目 PV 高,产品数少,放到内存中,冗余多份数据在不同的机器上;有的类目 PV 少,产品数多,这种就不适合初始化进实时索引中了。当卖家更新和增加产品信息时,索引等产品信息统一更新到一个地方,然后每隔一段时间把信息一并推送到分布式索引中。当实时流计算出来之后,实时的更新分布式索引就更加方便了。

电商的搜索系统中,一般都会自己维护一套词库,以对搜索内容进行更加准确地切词,然后通过切出来的词映射到对应的类目、品牌等。电商每一个类目的专有名词比较多,仅仅应用外面通用的中文分词词库在实践中很难提高分词的准确性。在这里,想强调下,维护一个自己的属性、品牌词库,对整个网站价值很大。首先,自己的准确的词库让用户画像系统也会更加精准。网站早期很多产品属性命名的不统一,相同的属性,业务方录入很多不同的属性名称,导致一个系统的产品属性到后面往往是混乱的,画像打出来的分也因此不能准确反应出用户的偏好。有准确和健全的词汇,一来可以对属性做清洗,提高用户打分的准确性,二来可以规范业务方录入的各种产品的命名等,让业务方更好地进行品类管理。其次,对电商的比价系统也是至关重要。电商往往要识别其他竞争对手的同类产品的价格,好进行智能调价或者统计,准确的词汇,能让系统更精确的对产品的标题进行分词和特征词标注,提高抓取竞争对手网站产品的覆盖率和匹配准确率。最后,对识别用户搜索的内容也是不可或缺的,有了完善的自己的词库,对搜索的内容才能进行更加准确地切分和映射,更加精准地明白用户想要的产品、类目等,从而提高用户搜索排序的准确率,以及减少用户筛选时间。

9.4.1 用户意图预测

在电商系统中，在书籍、衣服等同一类目下用基于 Item CF 的推荐计算出产品相似度，推荐同类目下其他产品，相对可解释。但是如果因为两本书所购买的人群比较相似，把人群中 A 用户喜欢的某茶叶推荐给 B 用户，显然不大好解释。所以我们应首先识别用户目前需要购物的类目，并识别出购物类目的意图，再在同一类目下通过协同过滤、内容推荐等方式给用户推荐合适的商品。目前各大电商网站都在识别用户搜索的实时意图上进行了不同程度的探索和研发，有些在用户长期画像的基础上抽出一张用户短期画像表来实现，我们认为用户对大部分的品牌和产品具有长期的偏好，偏好的更新周期相对比较长；而对于类目，用户往往根据外界环境、家庭短缺等不确定因素而购买，比如家里什么东西意外坏了需要补充，如果能实时的识别用户需要购买的类目，显然是比较有价值的。我们假设用户画像有用户基础属性（性别、年龄、职业等）和用户偏好（类目、品牌、产品等），在用户偏好的基础上抽出长期偏好和短期偏好两个表，用短期偏好和基础属性来实时预测用户购买类目，再记录各个类目的用户短期购买行为。因为基于邻域的协同过滤具有扩展性问题，计算复杂度随着用户数和产品数增加而增加，在实时推荐中，是一个亟需要解决的问题，我们这里用判别分析方法实时预测用户需要购买的类别（判别分析法实际上是一种基于模型的推荐算法）。判别分析是用户判断个体所属类别的一种统计方法，对用户的购买意图进行预测，根据已知观测对象的分类和若干表明观测对象特征的变量值，建立判别函数和判别准则，并使其错判率最小。

我们保存最近一段时间有过用户行为的用户 $U = \{u_i | u_i$ 最近一段时间有行为的用户$\}$。

- 对 u_i 取其基础属性和短期偏好（性别、年龄、购买 Cj 时的地域、购买 Cj 时的时间、品类偏好等）组成基础属性向量 $A_i^{(j)} = (b_{i1}^{(j)}, b_{i2}^{(j)}, \cdots, b_{iN}^{(j)})$，$b_{ik}^{(j)}$ 表示用户 u_i 的某一个基础属性和偏好，N 表示属性和偏好的具体数量。
- 对 u_i 取其发生购买某个类别 Cj 前的相关行为（浏览、搜索、收藏、加车、购买某个品类），组成行为向量 $B_i^{(j)} = (a_{i1}^{(j)}, a_{i2}^{(j)}, \cdots, a_{in}^{(j)})$，表示用户 u_i 在购买 Cj 前某项行为的次数，n 表示行为总数量，m 表示用户数。则我们得到购买类目 Cj 的用户组成的矩阵：

$$B^{(j)} = \begin{pmatrix} a_{11}^{(j)} & a_{12}^{(j)} & \cdots & a_{1n}^{(j)} \\ a_{21}^{(j)} & a_{22}^{(j)} & \cdots & a_{2n}^{(j)} \\ \cdots & \cdots & \cdots & \cdots \\ a_{m1}^{(j)} & a_{m2}^{(j)} & \cdots & a_{mn}^{(j)} \end{pmatrix}$$

将 $B^{(j)}$ 的行向量看作 n 维随机向量，对其进行降维，采用 PCA（主成分分析）技术进行降维，然后对 $A^{(j)}$ 采用信息增益技术进行特征选取，选取 topN 个最能判别用户购买意图的基础属性。常用的判别函数有 Fisher 判别法、马式距离判别法、广义平方距离判别法、最大后验概率判别法、贝叶斯判别法等,它们各自有不同的优缺点,当加入或者减少某一种条件,它们又可以互相转换。这里我们以马氏距离为例,与欧氏距离不同的是它考虑到各种特性之间的联系,马氏距离能够很好地处理多维向量各维度的量纲不一致的问题以及各维度具有相关性的问题,只需要知道总体的特征值,不需要知道总体的分布类型,方法简单,结论明确。首先根据样本矩阵 $A^{(j)}$ 统计购买 Cj 这个总体的协方差矩阵 $\sum^{(j)}$ 和总体均值向量 $\mu^{(j)}$:

$$\sum{}^{(j)} = \begin{pmatrix} \mathrm{cov}(b_{i1}^{(j)},b_{i1}^{(j)}) & \mathrm{cov}(b_{i1}^{(j)},b_{i2}^{(j)}) & \cdots & \mathrm{cov}(b_{i1}^{(j)},b_{iN}^{(j)}) \\ \mathrm{cov}(b_{i2}^{(j)},b_{i1}^{(j)}) & \mathrm{cov}(b_{i2}^{(j)},b_{i2}^{(j)}) & \cdots & \mathrm{cov}(b_{i2}^{(j)},b_{iN}^{(j)}) \\ \cdots & \cdots & \cdots & \cdots \\ \mathrm{cov}(b_{iN}^{(j)},b_{i1}^{(j)}) & \mathrm{cov}(b_{iN}^{(j)},b_{i2}^{(j)}) & \cdots & \mathrm{cov}(b_{iN}^{(j)},b_{iN}^{(j)}) \end{pmatrix}$$

$$\mu^{(j)} = (E(b_{i1}^{j}), E(b_{i2}^{j}), \cdots, E(b_{iN}^{j}))$$

对任意用户 u_i,设其降维后的行为向量为 A_i,得到用户与 Cj 总体的广义马氏距离为 $d(A_i, C_j) = (A_i - \mu^{(j)}) \sum^{(j)} (A_i - \mu^{(j)})^{\mathrm{T}} - \ln|\sum^{(j)}| - 2\ln(q_j)$。其中 q_j 为总体 Cj 发生的先验概率,根据用户 u_i 与总体 Cj 的距离,即可以得到用户最近一段时间内 topN 的意图类目,然后利用构建的场景引擎应用到相应的栏位。我们以个性化搜索为例,当用户刚上来,没有太多初始化行为的时候,默认排序根据用户的长期偏好、广告主投放等排序,当用户点击浏览了一定的商品后,利用上面的判别分析方法,实时预测出用户实时的类目,当用户再次搜索或者到达某一个推荐栏位的时候,结合得到的实时 topN 的意图类目,并给予一定的权重,融进原来的排序结果,给出新的排序结果,如图 9-18 所示。

图 9-18 融入实时意图的个性化排序

在推荐栏位中,得到用户 topN 的类目再在同类目下利用协同过滤、关联规则等推荐方法,对同一类目下的产品进行相关推荐,以得到更加精准的结果;但是在搜索系统中,往往搜索词已经映射到相应的一些类目上,这个时候,对用户需要购买的产品、品牌的意图识别往往更有用,比如品牌,因为数量相对产品小很多。可以把类目的意图识别方法应用过来,然后融入实时个性化搜索中。对于海量的产品,可以根据用户前面几年购买的产品属性、天气、地域等各类标签预先作一定的关联分析，然后把天气、地域等标签融入选品中心，通过这些标签做意图识别。

9.4.2 搜索比价

一淘、帮5买、网易惠惠等都是目前比较成熟的比价搜索，通过它们能搜出各类商品在各个电商上的价格；目前不少电商也实现了自己的比价/调价系统。如何定价，是传统零售业和电商必须需要思考的问题，只有定价策略应用得当，才能在成本、销量、利润、转化率上找到一种平衡。而且电商相比其他的互联网产品，用户粘性偏弱，用户对价格敏感性更强，往往一点点的差价，就会影响用户的留存率和产品的利润，因此合理设置和竞争对手商品的价格，在利润和用户转化率上取得平衡，才能提高电商的整体竞争力。面对百万、甚至千万的SKU，通过人工来定价成本非常高，因此需要系统进行智能定价。当然系统中也会设置自己的价格底线，如果发现对手的价格偏低，那么可以及早地分析是不是对手的进货渠道不同，或者是不是他们在运营、物流、供应链上成本控制得更好，还是对手贴钱促销。及时知道热门商品竞争对手的信息，可以快速优化自己的运营和决策，可以挖掘出竞争对手新品和好的缺失品，对自己的品类分析、品类管理、价格监控等都有非常大的价值。

一个比价系统通常包括爬虫系统、匹配系统、数据分析系统、智能决策系统（优化品类、自动调价、促销策略等）。爬虫系统用来抓取竞争对手的商品信息，Java的爬虫一般应用 httpclient 和 Jsoup 库来实现，通过 httpclient 发起 HTTP 请求，通过 Jsoup 解析请求回来的页面的元素。但是有些电商网站商品页的价格、库存、评论数等值，在页面的源代码里面是无法获取到的，它们往往是页面里面有另外的 Ajax 请求去获取价格、库存等值，然后通过 JavaScript 填充到页面的相关 div 或者 span 等位置，通过 Java 的方式抓取脚本通常都是要发起多个请求才能完成一次完整信息的抓取，失败率也特别高，抓取脚本相当复杂，去开发一个 Java 的 JavaScript 解析引擎时间成本又过高。而 Python 有 pyqt4 这个类库，它有内置的 webkit 浏览器引擎，通过它来请求 URL，返回的 HTML 源码是渲染好的网页，价格、库存等信息已经填充在了相应的 HTML 元素中，不用多次请求。如果用 Java 的 Runtime 的方式去调用 Python 脚本，显然性能存在一定的损耗，但 Storm 支持 Python 等多种语言，这样可以不受语言限制，充分运用各类优秀的开源库，更低成本地实现爬虫系统。Python 有解析 HTML 元素成熟的 beautifulSoup 库（类似 Java 的 Jsoup 库），结合 Python 的 urllib2 或者 Requests 库，可以更好地完成这个任务。

有了爬虫系统，要得到同一款商品竞争对手的信息，那么匹配系统运用而生，假设不考虑商品详情页中价格、商品介绍、商品图片等因素，仅对商品详情页的标题做匹配，一般把标题切成特征词（品牌词、规格、货号、成份、品类词），然后不同类目下给每种特征词不同的权重，计算出哪些商品是同一商品，从而结合调价系统，进行自动调价。

9.4.3 搜索排序

有诸多的因子决定电商搜索产品的排序，常见的包括：是否自营、销售额、销量、收藏数、点击数、曝光数、毛利率、用户评价数、好评率、是否促销、退款率、投诉率、发货速度等。如果是商城或者店铺，商品的排序因子主要如表 9-6 所示，分为推广量、服务、店铺优化、店铺等级等。同时商家为了提高商品排名，会出现不同程度的作弊，有的通过虚假交易进行刷单；有的在商品标题中加入竞争对手品牌；有的用低价引流，实际上是将一个低价产品和一个正常产品组成套餐；有的过一阵偷偷更换标题和商品，把一个销量比较好的商品变成另外一个新商品，这些不同的作弊方式也是一个排序因子，用来惩罚违规的商家。

表 9-6 店铺的排序因子

分 类	具 体 因 子
推广量	近 7 日销量、近 1 月销量、评价数、近 1 月销售额、收藏量等
服务	发货速度、投诉率、侵权率、好评率、发货速度、支付方式等
店铺优化	上下架时间、产品相关性、产品图、产品描述、库存量等
店铺等级	信用等级、店铺装修等级、保障等级（正品保障、假一赔三）等

影响排序因子又分为静态因子和动态因子，如表 9-7 所示。动态因子中对搜索关键字和标题相关性的计算需要对标题进行切词，前面比价系统中的匹配模块也需要对标题进行切词，两者的切词算法可以用一套，关键是对各个商家和品牌的一些词汇需要人工整理，这个一般会耗费一定的成本。

表 9-7 静态和动态因子

分 类	具 体 因 子
静态	近 7 日销量、近 1 月销量、评价数等
动态	标题的相关性、类目的相关性、个性化意图等

可以看到，影响搜索排序的因子数目繁多，并且不同的因子（比如销售额、送货速度、好评率等）量纲不同，首先需要对各个因子归一化，不同的因子需要设计不同的归一化公式。归一化后，根据各因子对结果的贡献不同，要设置不同的权重，可以通过 SVM 等机器学习算法来训练各因子的系数。检测训练出来的模型是否靠谱，通常使用已知目标值的样本作为输入，观察其准确率。对于电商而言，转化率是一个不错的选择，转化率的分子可以是商品的销售量、销售额、加入购物车的数目等，分母可以用商品的曝光率。训练得到各因子系数，并且模型经过验证后，搜索的基本排序公式应运而生，实际的系统中还会加入人工规则和广告竞价排序的因素。

第 10 章

Storm 使用经验和性能优化

前面的几章中介绍了很多 Storm 的原理和使用场景，在 Storm 的实际使用中，有一些小的技巧和使用经验以及性能优化的方向，本章进行一个汇总。通过这些技巧和经验的积累，加深对 Storm 内部的认识和了解，以便开发出高性能的程序。

10.1 使用经验

10.1.1 使用 rebalance 命令动态调整并发度

Storm 提供了 rebalance 命令，可以动态调整 Topology 的 Worker 数量和 Component 的并发度，而不用修改 Topology 的代码。如果想动态增加某个 Component 的并发度，需要设置 Component 的 NumTask 数量或者 MaxTaskParallelism 的参数值，并且大于并发度参数值（parallelism_hint 值）。如果不设置 NumTask 数量，默认值等同于并发度，重新平衡的时候就只能减少并发度，而不能再增加了。

以 Storm 源码中 storm-starter 项目里的 storm.starter.WordCountTopology 代码为例：

```
TopologyBuilder builder = new TopologyBuilder();

    builder.setSpout("spout", new RandomSentenceSpout(), 5).setMaxTaskParallelism(10);

    builder.setBolt("split", new SplitSentence(), 8).shuffleGrouping("spout").
              setNumTasks(16);
    builder.setBolt("count", new WordCount(), 12).fieldsGrouping("split", new
              Fields("word"));
```

```
        Config conf = new Config();
        conf.setDebug(true);

        if (args != null && args.length > 0) {
          conf.setNumWorkers(3);
          StormSubmitter.submitTopologyWithProgressBar(args[0], conf, builder.
createTopology());
        }
```

在构建 Topology 的过程中，指定了 RandomSentenceSpout 的初始并发度为 5，也就是会启动 5 个 Executor 线程来运行，然后设定最大并发度为 10，上限为 10 个 Executor 线程；同时也指定了 SplitSentence 的初始并发度为 8，最大的 Task 数量为 16 个。在运行过程中，我们发现 RandomSentenceSpout 或者 SplitSentence 的性能是瓶颈，可以通过调整大并发度来完成性能的提升。RandomSentenceSpout 并发度上限为 10 个，SplitSentence 的最大并发度等于其最大的 Task 数量，为 16 个。具体调整可以在 Storm UI 中完成，也可以通过命令行来完成，执行命令的格式为：

```
storm rebalance topology-name [-w wait-time-secs] [-n new-num-workers] [-e component=parallelism]
```

假设提交的 Topology 名称叫 word-conter，我们希望把 RandomSentenceSpout 的并发度调整为 8，而 SplitSentence 的并发度调整为 12，Worker 数量增加为 4 个，具体的命令为：

```
storm rebalance word-conter -w 10 -n 4 -e spout=8 -e split=12
```

Storm 通过自己内部的重新部署和分配，来完成并发度的调整。等待 10 秒后，Topology 进入重新分配状态，等待一会儿，等重新分配完成后，就可以在 Storm UI 上看见新的结果了。

10.1.2　使用 tick 消息做定时器

在实际业务中，经常需要定时做一些业务逻辑，如每 5 秒做一些统计值。普通业务的通常做法是启动一个 Timer 线程或者使用 Quartz 来做定时触发。在 Storm 中，可以通过让 Topology 的系统组件定时发送 tick 消息，Bolt 接收到 tick 消息后，触发相应的逻辑来完成定时操作。这里以 storm-starter 中的 storm.starter.bolt.RollingCountBolt 来说明使用方法。RollingCountBolt 很好地演示了怎么使用滑动窗口统计业务的数值。比如某个业务，我们需要得到最近 5 分钟的统计值，我们可以把每 1 分钟设定为一个统计区间，一共 5 个窗口。这样 10 点 05 分得到的统计值就是 10 点 00 分到 10 点 05 分区间的累计值。而 10 点 06 分的统计值则为 10 点 01 分到 10 点 06 分的累计值，从而实现最近 5 分钟的统计效果。

RollingCountBolt 的定时逻辑实现如下，完整代码请参考 Storm 中对应的源码。在 execute 方法中，收到 tick 的消息后，则将最近当前窗口的统计值发射出去。

```java
@Override
public void execute(Tuple tuple) {
    if (TupleHelpers.isTickTuple(tuple)) {
        LOG.debug("Received tick tuple, triggering emit of current window counts");
        emitCurrentWindowCounts();
    }
    else {
        countObjAndAck(tuple);
    }
}
```

通过消息的源 Component 和消息的 StreamId 确认消息是否为 tick 消息。TupleHelpers 中对应的代码如下：

```java
public static boolean isTickTuple(Tuple tuple) {
    return tuple.getSourceComponent().equals(Constants.SYSTEM_COMPONENT_ID)
            && tuple.getSourceStreamId().equals(
        Constants.SYSTEM_TICK_STREAM_ID);
}
```

其中 Constants.SYSTEM_COMPONENT_ID 和 Constants.SYSTEM_TICK_STREAM_ID 的定义如下：

```java
public static final String SYSTEM_COMPONENT_ID = "__system";
public static final String SYSTEM_TICK_STREAM_ID = "__tick";
```

有了定时消息的处理逻辑，消息的发送逻辑则很简单，只需要重载 IRichBolt 中的 getComponentConfiguration 方法即可。在当前 Component 中添加一个新的参数配置，指定定时消息发送的频率，单位为秒，具体代码如下：

```java
@Override
public Map<String, Object> getComponentConfiguration() {
    Map<String, Object> conf = new HashMap<String, Object>();
    conf.put(Config.TOPOLOGY_TICK_TUPLE_FREQ_SECS, emitFrequencyInSeconds);
    return conf;
}
```

使用 tick 消息做定时器触发业务逻辑，并自己采样 Timer 等定时线程来处理，显得更为优雅，不用在组件内部启用新的线程。由于定时消息也是通过消息流发送过来的，因此在系统负载很高的时候，可能存在一定的延迟，但通常来说，这个延迟是可以接受的。

10.1.3 使用组件的并行度代替线程池

Storm 自身是一个分布式的多线程的框架，对每个 Spout 和 Bolt，我们都可以设置其并发度，也支持通过 `rebalance` 命令来动态调整其并发度，把负载分摊到多个 Worker 上。如果自己在组件内部采用线程池做一些计算密集型的任务，比如 JSON 解析，有可能使得某些组件的资源消耗特别高，其他的又很低，导致 Worker 之间资源消耗不均衡，这种情况在组件的并行度比较低的时候更明显。比如某个 Bolt 设置了 1 个并行度，但在 Bolt 中又启动了线程池。这样导致的一种后果就是集群中分配了这个 Bolt 的 Worker 进程可能会把机器的资源都给消耗光了，影响到其他 Topology 在这台机器上的任务的运行。如果真有计算密集型的任务，我们可以把组件的并发度设大，Worker 的数量也相应提高，让计算分配到多个节点上。

为了避免某个 Topology 的某些组件把整个机器的资源都消耗光的情况，除了不在组件内部启动线程池来做计算以外，也可以通过 CGroup 对每个 Worker 的资源使用量做控制。

10.1.4 不要用 DRPC 批量处理大数据

在 7.4 节介绍了 DRPC 的使用，DRPC 提供了应用程序和 Storm Topology 之间交互的接口。可供其他应用直接调用，使用 Storm 的并发性来处理数据，然后将结果返回给调用的客户端。这种方式在数据量不大的情况下，通常不会有问题，而当需要处理批量大数据的时候，问题就比较明显了。

（1）处理数据的 Topology 在超时之前可能无法返回计算的结果。
（2）批量处理数据，可能使得集群的负载短暂偏高，处理完毕后，又降低回来，负载均衡性差。

批量处理大数据不是 Storm 设计的初衷，Storm 考虑的是实效性和批量之间的均衡，更多地看中前者。需要准实时地处理大数据量，可以考虑 Spark Stream 等批量框架。

10.1.5 不要在 Spout 中处理耗时的操作

Spout 中 `nextTuple` 方法会发射数据流，在启用 Ack 的情况下，`fail` 方法和 `ack` 方法会被触发。需要明确一点，在 Storm 中 Spout 是单线程（JStorm 的 Spout 分为了 3 个线程，分别执行 `nextTuple` 方法、`fail` 方法和 `ack` 方法）。如果 `nextTuple` 方法非常耗时，某个消息被成功执行完毕后，Acker 会给 Spout 发送消息，Spout 若无法及时消费，可能造成 ACK 消息超时后被丢弃，然后 Spout 反而认为这个消息执行失败了，造成逻辑错误（参见 4.8 节）。反之若 `fail` 方法或者 `ack` 方法的操作耗时较多，则会影响 Spout 发射数据的量，造成 Topology 吞吐量降低。

10.1.6　log4j 的使用技巧

在 Storm 内，使用了 logback 做日志的输出。logback 和 log4j 作为两套 slf4j-api 日志框架的实现，不能共同使用。如果在 Storm 的 Topology JAR 中打包了 log4j 的相关 JAR 包，提交到 Storm 后，通常会冲突，然后导致 Topology 不能正常运行。通常在提交 Topology 的控制台会打印出如下日志：

```
SLF4J: Class path contains multiple SLF4J bindings.
SLF4J: Found binding in [jar:file:/usr/local/storm/apache-storm-0.9.3/lib/logback-classic-1.0.13.jar!/org/slf4j/impl/StaticLoggerBinder.class]
SLF4J: Found binding in [jar:file:/home/hadoop/storm-util-1.4.2-SNAPSHOT.jar!/org/slf4j/impl/StaticLoggerBinder.class]
SLF4J: See http://www.slf4j.org/codes.html#multiple_bindings for an explanation.
SLF4J: Actual binding is of type [ch.qos.logback.classic.util.ContextSelectorStaticBinder]
```

为了避免这样的情况发生，如果引入的第三方 JAR 包中包含了 log4j 相关的包，需要在 POM 中排除掉，如下所示：

```xml
<dependency>
    <groupId>com.dianping.cat</groupId>
    <artifactId>cat-core</artifactId>
    <version>1.1.5</version>
    <exclusions>
        <exclusion>
            <groupId>org.slf4j</groupId>
            <artifactId>slf4j-log4j12</artifactId>
        </exclusion>
        <exclusion>
            <groupId>log4j</groupId>
            <artifactId>log4j</artifactId>
        </exclusion>
    </exclusions>
</dependency>
```

排除掉 log4j 相关 JAR 包后，有可能在本地的运行，启用 `LocalCluster` 运行的时候，采样 log4j 的组件没有日志输出，本地调试就不太方便，因此可以把 `storm-core` 依赖的 `logback` 相关 JAR 包排除掉，而单独引入 log4j 相关 JAR 包，并且 `scope` 指定为 `provide`。这样 log4j 相关的 JAR 包也不会被打入最后的 Topology JAR 包中，不会影响线上使用。相

关 POM 的配置参考如下:

```xml
<dependency>
        <groupId>org.apache.storm</groupId>
        <artifactId>storm-core</artifactId>
        <version>0.9.2-incubating</version>
        <!-- keep storm out of the jar-with-dependencies -->
        <scope>provided</scope>
        <exclusions>
            <exclusion>
                <groupId>ch.qos.logback</groupId>
                <artifactId>logback-classic</artifactId>
            </exclusion>
            <exclusion>
                <groupId>org.slf4j</groupId>
                <artifactId>log4j-over-slf4j</artifactId>
            </exclusion>
        </exclusions>
</dependency>
<dependency>
    <groupId>org.slf4j</groupId>
    <artifactId>slf4j-log4j12</artifactId>
    <scope>provided</scope>
</dependency>
<dependency>
     <groupId>log4j</groupId>
     <artifactId>log4j</artifactId>
     <scope>provided</scope>
</dependency>
```

10.1.7　注意 `fieldsGrouping` 的数据均衡性

`fieldsGrouping` 是根据一个或者多个 Field 对数据进行分组，不同的目标 Task 收到不同的数据，而同一个 Task 收到的数据会相同，参见 1.1 节叙述。

假设某个 Bolt 根据用户 ID 对数据进行 `fieldsGrouping`，如果某一些用户的数据特别多，而另外一些用户的数据又比较少，那么就可能使得下一级处理 Bolt 收到的数据不均衡，那么整个处理的性能就受制于某些数据量大的节点。可以加入更多的分组条件或者更换分组策略，使得数据具有均衡性。

10.1.8　优先使用 `localOrShuffleGrouping`

`localOrShuffleGrouping` 是指如果目标 Bolt 中的一个或者多个 Task 和当前产生数

据的 Task 在同一个 Worker 进程里面，那么就走内部的线程间通信，将 Tuple 直接发给在当前 Worker 进程的目的 Task。否则，同 `shuffleGrouping`。

`localOrShuffleGrouping` 的数据传输性能优于 `shuffleGrouping`，因为在 Worker 内部传输，只需要通过 Disruptor 队列就可以完成，不用网络开销和序列化开销。因此在数据处理的复杂度不高的情况，而网络开销和序列化开销占主要，可以优先使用 `localOrShuffleGrouping` 来代替 `shuffleGrouping`。

10.1.9　设置合理的 `MaxSpoutPending` 值

在启用 Ack 的情况下，Spout 中有个 RotatingMap 用来保存 Spout 已经发送出去，但还没有等到 Ack 结果的消息，参见 4.5.2 节。RotatingMap 的最大个数是有限制的，为 p*num-tasks。其中 p 是 `topology.max.spout.pending` 值，也就是 MaxSpoutPending（也可以由 TopologyBuilder 在 setSpout 通过 setMaxSpoutPending 方法来设定），num-tasks 是 Spout 的 Task 数。如果不设置 `MaxSpoutPending` 的大小或者设置得太大，可能消耗掉过多的内存导致内存溢出，设置太小则会影响 Spout 发射 Tuple 的速度。

假设如下的使用场景，将 `MaxSpoutPending` 值设置为 1 000，Topology 处理完毕一个消息平均需要 200 ms，也就是 Process latency 为 100 ms，Spout 每次调用 `nextTuple` 为 0.1 ms。在上述场景下，Spout 的最大发送速度能够达到多少呢？我们做如下的计算：在不考虑 `ack` 方法和 `fail` 方法的性能消耗情况下，每个 Spout Task 可以理论发射的速度为：1000 / 0.1 = 10000 TPS。由于 Topology 处理完毕一个消息需要 200 ms，则这 200 ms 的时间会产生 10 000 ×0.2 = 2 000 个消息。2 000 已经大于 `MaxSpoutPending` 值，也就是说在 100 ms 的时候，`MaxSpoutPending` 值已经达到，因而 `topology.spout.wait.strategy` 策略会被触发。如果 `topology.spout.wait.strategy` 是默认的 `backtype.storm.spout.SleepSpoutWait Strategy`，则 Spout 的 `nextTuple` 就会暂停一下。为了匹配发射速度和处理时间，MaxSpoutPending 要设置到 2000 以上，才能够达到 Spout 的最大发射速度，不至于成为性能瓶颈。

10.1.10　设置合理的 Worker 数

Worker 数越多，性能越好？先看一张 Worker 数量和吞吐量对比的曲线，如图 10-1 所示（来源于 JStorm 文档 https://github.com/alibaba/jstorm/tree/master/docs/0.9.4.1jstorm 性能测试.docx）。

从图可以看出，在 12 个 Worker 的情况下，吞吐量最大，整体性能最优。这是由于一方面，每新增加一个 Worker 进程，都会将一些原本线程间的内存通信变为进程间的网络通信,这些进程间的网络通信还需要进行序列化与反序列化操作,这些降低了吞吐率。另一方面,每新增加一个 Worker 进程,都会额外地增加多个线程(Netty 发送和接收线程、心跳线程、SystemBolt 线程以及其他系统组件对应的线程等),这些线程切换消耗了不少 CPU,系统 CPU 消耗占比增加,在 CPU 总使用率受限的情况下,降低了业务线程的使用效率。

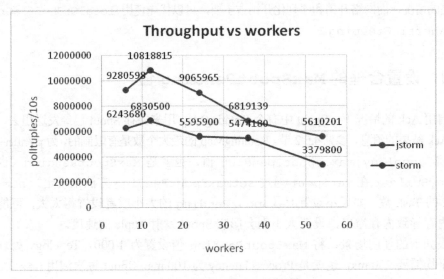

图 10-1 Worker 数量和吞吐量的关系

在 Task 保持不变时,当 Worker 数量减少,由于在计算过程中不同 Task 之间需要切换,Worker 比较少的情况下,加大了进程切换的频繁度,这也一定消耗时间,降低了吞吐率。同时 Worker 数量太少的情况,能够部署的物理机节点也有限,因此也限制了整体性能。

10.1.11 平衡吞吐量和时效性

Storm 的数据传输默认使用 Netty。在数据传输性能方面,有表 10-1 所示的参数可以调整。

表 10-1 可调整的参数

参　　数	值
storm.messaging.netty.buffer_size	5242880
storm.messaging.netty.client_worker_threads	1
storm.messaging.netty.flush.check.interval.ms	10
storm.messaging.netty.server_worker_threads	1
storm.messaging.netty.transfer.batch.size	262144
storm.messaging.transport	backtype.storm.messaging.netty.Context

`storm.messaging.netty.server_worker_threads` 和 `storm.messaging.netty.client_worker _threads` 分别为接收消息线程和发送消息线程的数量。`netty.transfer.batch.size` 是指每次 Netty 客户端向 Netty 服务端发送的数据的大小，如果需要发送的 Tuple 消息大于 `netty.transfer.batch.size`，则 Tuple 消息会按照 `netty.transfer.batch.size` 进行切分，然后多次发送。`storm.messaging.netty. buffer_size` 为每次批量发送的 Tuple 序列化之后的 TaskMessage 消息的大小。`storm.messaging.netty.flush.check.interval.ms` 表示当有 TaskMessage 需要发送的时候，Netty 客户端检查可以发送数据的频率。降低 `storm.messaging.netty.flush.check.interval.ms` 的值，可以提高实效性。增加 `netty.transfer.batch.size` 和 `storm.messaging.netty.buffer_size` 的值，可以提升网络传输的吞吐量，使得网络的有效载荷提升（减少 TCP 包的数量，并且 TCP 包中的有效数据量增加），通常时效性就会降低一些。因此需要根据自身的业务情况，合理在吞吐量和时效性直接的平衡。

10.2 性能优化

在 Topology 的运行过程中，遇到任务处理的延迟较大或者性能不佳的情况，就会考虑进行性能优化。在 Storm 中进行性能优化，除了常规的编程技巧和优化方案外，也包含了其特殊的地方，下面对性能优化具体介绍。

10.2.1 找到 Topology 的性能瓶颈

性能优化的第一步就是找到其中的性能瓶颈，从瓶颈处入手，解决关键点的问题，整个 Topology 的性能自然就提高了。除了通过系统命令（如 `top`、`sar`）查看 CPU 使用，`jstack` 查看堆栈的调用情况以外，还可以通过 Storm 自身提供的信息来对性能做出相应的判断。

在 Storm 的 UI 中，对每个 Topology 都提供了相应的统计信息，其中有 3 个参数对性能来说参考意义比较明显，包括 Execute latency、Process latency 和 Capacity，如图 10-2 所示。

Capacity (last 10m)	Execute latency (ms)	Executed	Process latency (ms)	Acked
0.001	0.094	1045760	0.094	1029300
0.056	0.086	1208724680	0.082	1208724680
0.182	0.105	2415983920	0.101	2415983900
0.060	0.246	1208958060	0.240	1208714420
0.004	77.043	15360	78.276	15360

图 10-2　Storm UI 中组件的处理时效

分别看一下这 3 个参数的含义和作用。
- Execute latency：消息的平均处理时间，单位为毫秒。
- Process latency：消息从收到到被 ack 掉所花的时间，单位为毫秒。如果没有启用 Acker 机制，那么 Process latency 的值为 0。
- Capacity：计算公式为 Capacity = Bolt 或者 Executor 调用 execute 方法处理的消息数量×消息平均执行时间/时间区间。如果这个值越接近 1，说明 Bolt 或者 Executor 基本一直在调用 execute 方法，因此并行度不够，需要扩展这个组件的 Executor 数量。

Execute latency 和 Process latency 是处理消息的时效性，而 Capacity 则表示处理能力是否已经饱和。从这 3 个参数可以知道 Topology 的瓶颈所在。

Storm 的 metric 也提供了一些额外的信息用于发掘哪个组件是性能的瓶颈。以使用 Storm 自带的 LoggingMetricsConsumer 为例，如果在 Topology 中注册了 LoggingMetricsConsumer，在日志中会看到每个组件的具体 Metric 信息，其中的两个参数值可以用作性能调优参考的指标：__sendqueue 和 __receive。对 Topology 的任何一个组件，Metric 的日志都包含了如下的信息：

```
2015-01-16 05:41:43,045 2637137725 1421358103     storm-001.nh:6707    4:DPID
    __ack-count             {LogParser:default=40}
2015-01-16 05:41:43,045 2637137725 1421358103     storm-001.nh:6707    4:DPID
    __sendqueue             {write_pos=30748866, read_pos=30748866, capacity=1024,
population=0}
2015-01-16 05:41:43,045 2637137725 1421358103     storm-001.nh:6707    4:DPID
    __receive               {write_pos=27526368, read_pos=27526367, capacity=1024,
population=1}
2015-01-16 05:41:43,045 2637137725 1421358103     storm-001.nh:6707    4:DPID
    __process-latency       {LogParser:default=0.0}
2015-01-16 05:41:43,045 2637137725 1421358103     storm-001.nh:6707    4:DPID
    __transfer-count        {default=40, __metrics=0}
2015-01-16 05:41:43,045 2637137725 1421358103     storm-001.nh:6707    4:DPID
    __execute-latency       {LogParser:default=0.0}
2015-01-16 05:41:43,045 2637137725 1421358103     storm-001.nh:6707    4:DPID
    __fail-count            {}
2015-01-16 05:41:43,045 2637137725 1421358103     storm-001.nh:6707    4:DPID
    __emit-count            {default=40, __metrics=0}
2015-01-16 05:41:43,046 2637137726 1421358103     storm-001.nh:6707    4:DPID
    __execute-count         {LogParser:default=20}
```

其日志的第 4 列开始表示运行的 Worker 节点和端口、Task 的 ID 和 Component 的 ID、后续是具体的 metric 信息。在这些信息中，关注 __sendqueue 发送队列中的消息情况和 __receive 接收队列中的消息情况。这两个队列都是 Executor 的 Disruptor 队列，如果

population 值比较大，接近或者等于 capacity，说明存在问题。__sendqueue 的 population 值较大，说明下游的处理速度没有跟上；而 __receive 的 population 值较大，则是当前 Executor 的处理速度存在问题。知道这些信息后，就可以做到有的放矢。其最大值分别由 topology.executor.receive.buffer.size 和 topology.executor.send.buffer.size 来决定。

10.2.2 GC 参数优化

可以对每个 Worker 的 Java 内存参数进行调整，配置在 storm.yam 的 worker.childopts 里。一个比较简单的启用 CMS 的 GC 配置可以为：

```
worker.childopts: "-Xmx2560m -Xms2560m -XX:NewSize=768m -XX:PermSize=128m
-XX:MaxPermSize=256m -XX:MaxDirectMemorySize=1024m -XX:+UseParNewGC
-XX:+UseConcMarkSweepGC -XX:+UseCMSInitiatingOccupancyOnly
-XX:CMSInitiatingOccupancyFraction=75 -XX:+UseCMSCompactAtFullCollection
-XX:CMSFullGCsBeforeCompaction=5 -XX:-CMSConcurrentMTEnabled
-XX:CMSInitiatingPermOccupancyFraction=70 -XX:+ExplicitGCInvokesConcurrent
-XX:+CMSClassUnloadingEnabled -XX:+DisableExplicitGC -Djava.net.preferIPv4Stack=true"
```

具体参数值应该如何定义，应根据自身应用的特点来优化。其参考值可以来自于 Storm 的 Metric 信息中 JVM 信息，也可以在 worker.childopts 的参数加入打印 GC 的日志进行 GC 性能的优化。除此之外，也可以使用 jstat 命令来查看某个 Worker 的 GC 执行情况。

10.3 性能优化原则

综上所述，为了在 Storm 中达到高性能，我们在设计和开发 Topology 的时候，需要注意以下原则。

- 模块和模块之间解耦，模块之间的层次清晰，每个模块可以独立扩展，并且符合流水线的原则。
- 无状态设计，无锁设计，水平扩展支持。
- 为了达到高的吞吐量，延迟性会加大；为了低延迟，吞吐量可能降低，需要在二者之间平衡。
- 性能的瓶颈永远在热点，解决热点问题。
- 优化的前提是测量，而不是主观臆测。收集相关数据，再动手，事半功倍。

附录 A
Kafka 原理

Kafka 是一个高性能的分布式消息队列，由 LinkedIn 开源。

A.1 Kafka 组件介绍

Kafka 是一个高吞吐率的分布式消息系统，Kafka 由以下信息组成。
- Topic：主题，即存在于 Kafka 集群中的一个消息队列。
- Producer：消息的生产者，负责向 Kafka 中的 Topic 发布消息。
- Consumer：消息的消费者，从 Topic 中获取消息。
- Broker：一个运行中的 Kafka 实例。

Kafka 简单的架构图如图 A-1 所示。

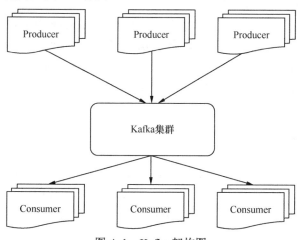

图 A-1　Kafka 架构图

A.1.1　Topic

在 Kafka 中，一个 Topic 就是一个队列。Topic 由一个或者多个分区（Partition）组成，分区分布在 Kafka 各节点上。分区由顺序的、不变的消息序列组成，已存在的消息不能更改，新写入的消息追加到最后面（消费时从前面开始消费）。每个分区均会存在对应的持久化文件和索引文件，关于分区的消息总是顺序的。Kafka 的分区如图 A-2 所示。

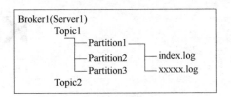

图 A-2　Kafka 的分区

和传统消息队列不同，Kafka 中的消息并不会在消费后就被删除，相反，它们存在可配置的过期时间，到了过期时间由 Kafka 清除以腾出磁盘空间。

Kafka 的 Consumer 需要存放消息的消费偏移量（offset），因此重置偏移量将能够调整消费的消息。Kafka 引入分区这个设计的优势是：

- Topic 的容量不受单台服务器容量大小的限制；
- 并发性更好；
- 调度、分布策略更灵活。

如图 A-2 所示，分区分布在整个 Kafka 集群的所有服务器上，每个服务器节点基于各个分区处理的数据和请求，每个分区可以有多个副本以容错（副本数不能超过 Broker 数，不同的 Topic 可以存在不同的副本数）。

每个分区将会有 1 个 leader，0 个或多个 follower。leader 用于处理所有的数据读写请求，follower 只是同步 leader 的状态。如果 leader 不能被访问到，剩下的 follower 中将会有一个被选举出来成为新的 leader。宏观上说，一台服务器上既存在作为 leader 的分区，也存在作为 follower 的分区，因此整个集群是负载均衡的。

A.1.2　Producer

数据生产者将数据发布到选择的 Topic。数据生产者需要确定将消息发送到 Topic 的哪个分区上，可以简单地使用轮询或者其他自定义的方案（比如对需要发送到 Kafka 中的消息中的某个字段，如用户，哈希取模使得该用户的所有数据均发送到同一个分区上）。

A.1.3 Consumer

传统的消息模型分为两种：队列和订阅发布。队列模型中，一组 Consumer 中的一个可以从服务器上读取到一个消息；订阅发布模型中，消息会被广播到所有的 Consumer。在 Kafka 中，通过消费组（Consumer group）提供了这两个消息消费模型。

对于分布在不同线程、不同进程、不同服务器上的 Consumer，均有唯一的标识，一条消息在一个消费组中只能被消费一次，每个消费组均能够消费到该消息。因此，当每个消息只需要消费一次时，则定义为同一个消费组；当每个消息需要被消费多次时，定义为不同的消费组即可。

传统的消息队列通过确保消息产生的顺序和消息消费的顺序一致，实现强顺序性。但当存在多个 Consumer 时，尽管服务端是顺序的传递消息，由于不同的 Consumer 之间并不是同步，有可能后消费的消息却被先处理。这就意味着在高并发下消息的顺序性已经被打破。解决方法是通过"独占 Consumer"（Exclusive Consumer）实现强顺序性。独占消费意味着在某一时刻只有一个 Consumer 能够消费一个队列，代价是大大降低了队列的并发度。

Kafka 通过在分区上实现了"独占消费"，确保分区上的强顺序和 Topic 上的并发度：一个 Topic 由多个分区组成，每个分区在任意时刻均只能够被一个 Consumer（对于同一消费组）消费，多个分区同时消费互不干扰，如图 A-3 所示。因此，相对于传统队列，Kafka 会有两个明显的特点。

- 由于分区的消费互不干扰，也就意味着 Kafka 只能实现分区上的强顺序性；当需要 Topic 级别的强顺序性时，可以通过创建只存在一个分区的 Topic 来实现；
- 由于某个时刻只能有一个 Consumer 消费到消息，因此同一个消费组中 Consumer 数最好不要超过分区数。

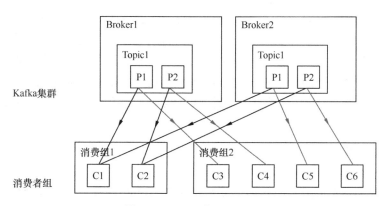

图 A-3　Kafka 的 Consumer

A.2 Kafka 的设计

A.2.1 Kafka 的性能和效率

在 Kafka 中,数据会被直接持久化到硬盘上,而不是缓存于内存中,是基于以下几点。

(1)硬盘可以很快也可以很慢,主要取决于使用方式。在 Kafka 的官方测试中,分别在 6 块 7200 转的 SATA 磁盘上顺序写能够达到 822 MB/s 的吞吐率。

(2)相对于随机访问,磁盘的顺序访问能够提供很高的性能(磁盘随机访问比顺序访问要慢 5 个量级,即便是 SSD 硬盘也有 4 个量级的差距)。

(3)现代操作系统提供预读(read-ahead)和迟写(write-behind)策略、页面缓存(page cache),使得没有必要将数据缓存在一大块内存中。

(4)Kafka 并非每接收到一个消息就写一次磁盘,而是采用块写块读的方式,避免大量小的 I/O 操作。

(5)在 Broker、Producer、Consumer 之间定义统一的二进制消息格式,便于通过 sendfile 系统调用发送数据。

(6)在某些场景下网络流量才是瓶颈,针对大量相同类型的数据进行一次压缩的压缩率比对每个数据单独压缩的压缩率要高,Kafka 支持基于 gzip 和 Snappy 压缩协议对消息集进行压缩。

A.2.2 Producer

Producer 直接将消息发送到 Broker 上,中间没有其他的网络传输;针对一个存在多个分区的 Topic,生产者可以自定义某些消息该向着哪个分区发送(如可以按照消息中的某个字段如用户,进行哈希,使得所有该用户的消息都发送到同一个分区上)。

Kafka 给 Producer 提供了异步发送机制,再将消息生产并发送后消息会先被累积在内存中,当累计的消息量达到一个可配置的阈值(如 100 条消息或者 5 秒)时再将数据一次性发送,这将能够降低 Producer 的 I/O 操作,但采用这种机制,当数据还未真正发送出去而 Producer 崩溃时,将会丢失部分数据。另外,0.9 版本的 Kafka 才会增加异步发送的回调。

A.2.3 Consumer

在消费消息时,KafkaConsumer 确定要消费的 Topic 的具体分区以及偏移量,并指定需要从哪个偏移量开始读取消息,发送到 Broker 服务端,Kafka 服务端会将一个日志块返回给 Consumer。

关于消息的"推"和"拉",Kafka 采取生产者"推"消息到 Broker,Consumer 从 Kafka "拉"消息的模式。如果服务端将消息"推"到 Consumer,当下游的 Consumer 处理消息的速率跟不上时,本质上是对下游发起了一个 DoS 攻击。基于"拉"模式存在的一个缺陷是,当消息消费的速度大于生产的速度,这会导致 Consumer 产生空轮询,处理方法是通过可配置的参数允许 Consumer 阻塞在一个长的空轮询(long poll)上。

对于消息系统而言,如何确保消费的偏移量是一个关乎性能的因素。很多消息系统在服务端 Broker 保存消费的偏移量,这意味着当消息被消费后,服务端需要马上记录其偏移量,好处是服务端能够知道什么消息被消费并进行删除处理,以便维持整个数据的规模;坏处是当消费端异常或者发送超时将会导致消息的丢失。当然,可以在服务端和消费端之间引入确认信息,即消息在被消费后只标记不删除,直到消费端确认。但当消费成功但是发送确认异常时,将导致消息被消费两次,另外服务端 Broker 需要为每一个消息维护被消费的标记状态而增加成本。

Kafka 中一个 Topic 存在多个分区,每个分区在任意时间段将只能被一个 Consumer 消费。偏移量只是一个简单的数值,由消费端负责。

A.2.4　Consumer 消费流程

Consumer 启动后,在开始消费消息前,会经历以下流程。

(1)在指定的消费组(Consumer Group)下注册 Consumer ID `Consumerid`,即 `/Consumers/ConsumerGroup/ids`。

(2)在`/Consumers/ConsumerGroup/ids`下注册 `watch`,用于处理新 Consumer 加入或者老 Consumer 退出等情况下的(将会触发 `rebablance`)对应处理。

(3)在/Broker/ids 下注册 `watch`,以便 Broker 存在异常时的对应处理。

(4)若消费端使用了 Topic 过滤器,则需要在/Broker/topics 上注册 `watch` 以便获取到 Topic 的变化信息。

(5)触发消费组的 `rebalance`(重新平衡,重新给各个 Consumer 分配分区)。

A.2.5　Consumer 重新平衡

重新平衡(rebalance)是同一个消费组内的所有 Consumer 就 Consumer 消费分区达成共识。

Consumer 重新平衡在以下任意情况下将会被触发:Broker 删除或者新增,同一个消费组内有 Consumer 删除或者新增。任何情况下,一个分区总是仅仅会被一个 Consumer 消费,因此当消费组中消费组数大于分区数时,将存在消费不到任何数据的 Consumer。

重新平衡的流程如下。

(1)设 PT 为 Topic T 的所有分区。
(2)设 CG 为同一消费组里面的所有 Consumer,而 Ci 为消费 Topic T 的 Consumer。
(3)对 PT 进行排序(以便同一 Broker 上的分区紧挨着)。
(4)对 CG 进行排序。
(5)假设 i 为消费组里某个 Consumer 的序号,则有 N=size(PT)/size(CG)。
(6)分配 $N\times i$ 到$(N+1)\times i$-1 的分区给 ConsumerCi。
(7)更新 ZooKeeper 上的注册信息,即往 partitionid 上写入 ConsumerID,默认是写到 ZooKeeper 中的/Consumers/<Consumergroupid>/owners/<topic>/partitionid。

A.2.6 消息传递语义

已有的消息消费语义包括以下几个。
(1)最多一次:消息会丢失,但是能保证不会重传。
(2)最少一次:消息不会丢失,但是不能保证重复。
(3)精确一次:消息传输一次且仅一次。

Kafka 提供的消息语义是"最少一次",不过由于消费端的消费偏移量是由 Consumer 保存的,因此可以在此基础上实现其他语义。

A.2.7 复制

Kafka 通过基于 Topic 的分区级别的复制机制实现容错。每个 Topic 可以有不同的副本数。副本类似于一个普通的 Consumer,从 leader 分区消费数据,并追加到副本的数据文件中。一个 Kafka 节点是否是存活状态基于以下条件。
(1)节点和 ZooKeeper 之间创建的会话(session)不能断开。
(2)如果该节点为从节点,则必须能从主节点上复制数据,且不能落下太多(由参数 replica.lag.max.messages 配置)。

仅当所有的副本都被更新后,才会认为消息已经提交完成。提交完成后的 Consumer 才能消费到,因此不需要担心 leader 异常导致消息丢失。Producer 可以通过配置 request.required.acks 确定是否需要获取到服务端更新完成的信息。

Kafka 能够保证,任意时刻只要有一个副本是存活的,消息就不会丢失。

对于数据的提交以及 leader 的选举,Kafka 采用投票的方式:对于 $2f$+1 个副本,需要保证 f+1 个副本的一致性。和 ZooKeeper 等不同的是,数据的提交和 leader 的选择总是在 Topic 上进行的,因此副本数可能不会等于整个 Kafka 集群的 Broker 数。

Kafka 的可用性保证在至少一个副本是存活的基础上的,当副本都死掉时,Kafka 将选择第一个启动的副本作为 leader（注意，根据同步，该副本上的数据可能不是最全的，因此也可能会存在数据丢失的情况）。

A.2.8 Kafka 的监控

Kafka 实现了 Yammer Metrics，可以通过 JMX 获取到统计信息。可以通过 JConsole 简单查看 Kafka 节点的信息，步骤如下。

（1）启动 JMX：编辑 Kafka 启动文件，在启动前加入：export JMX_PORT=9999；启动 Kafka 服务端，可以看到启动的 Kafka 进程中配置了参数：

```
-Dcom.sun.management.jmxremote.port=9999
```

（2）启动 JConsole 并连接服务器及端口 9999，可以得到如图 A-4 所示的 Kafka 统计信息。

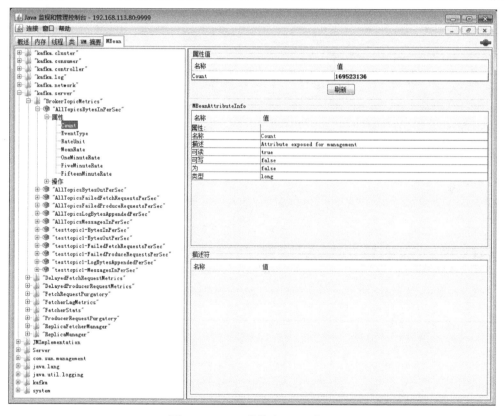

图 A-4　Kafka 监控之 JMX 统计

不过通过 JMX 监控只是得到一个 Kafka 节点的监控数据，要获得整个集群的状态信息，还需要配合 ZooKeeper 中存储的元数据实现对整个 Kafka 集群的监控。

附录 B
将 Storm 源码导入 Eclipse

B.1　从 GitHub 上下载源码

在本地创建一个 `storm-source` 目录，将 Storm 代码放置在该目录下。Storm 最新的代码已经转移到 https://github.com/apache/incubator-storm。

可以通过 git 命令获取 Storm 代码：

```
git clone git://git.apache.org/incubator-storm.git
```

或者通过 http 方式获取 Storm 代码：

```
git clone https://github.com/apache/incubator-storm.git
```

B.2　Eclipse 安装 counterclockwise 支持 Clojure

由于 Storm 核心是用 Clojure 编写的，为了更好地查看源码，安装 Eclipse 的 Clojure 插件 counterclockwise 以支持 Clojure。

在 Eclipse Market 中搜索 counterclockwise，找到后点击 Install 即可。`counterclockwise` 的项目地址是 http://code.google.com/p/counterclockwise/。

B.3　安装 Leiningen

Leiningen 类似于 Maven，用来管理 Clojure Project。下面以 Windows 操作系统为例，

简单介绍 Leiningen 的安装过程。

（1）从 http://leiningen.org/下载 `lein.bat`，放到本地某个目录，假设为 `D:\Develop\Leiningen` 下的 `bin` 目录，完整路径为 `D:\Develop\Leiningen\bin\lein.bat`。

（2）配置环境变量 `LEIN_HOME` 为 `D:\Develop\Leiningen`，PATH 中添加 `%LEIN_HOME%/bin;`。

（3）以管理员身份运行 `cmd`（否则可能会提示：`Error: Could not find or load main class`）。`cd` 到 `LEIN_HOME` 下，执行 `lein self-install`，这个时候会在 `LEIN_HOME` 下创建 `self-installs` 目录，包含 `leiningen-2.3.x-standalone.jar`。

这样做可以不用修改 `lein.bat` 的内容。

B.4 将工程转换为 Eclipse Project，并导入 Eclipse

进入 Strom 源码目录下的 `storm-core`，执行 `lein deps` 下载工程所需要依赖的 JAR 包到本地，默认会下载到 `C:\Users\your_account\.m2\repository`。安装 `lein2-eclipse`，用来将工程转换为 Eclipse Project。根据 https://github.com/netmelody/lein2-eclipse 上的说明，在 `storm-core` 的 `project.cli` 中的 `:plugins [[lein-swank "1.4.4"]]` 添加：

```
[lein2-eclipse "2.0.0"]
```

然后执行 `lein eclipse`，自动产生了 `.classpath` 和 `.project` 两个文件，之后就像普通的 Java Project 那样，从 Eclipse 中导入即可（File->Import->Existing Project into Workspace）。

导入后，由于 Eclipse 的 `classpath` 识别有点儿小问题，不能编译，需要手工调整一下，删除 `.classpath` 中的 `<classpathentry kind="src" path="../conf"/>`，然后就可以编译工程了。再添加 `<classpathentry kind="src" path="src/jvm"/>`，这样 Java 代码也一并在工程中。

从 Storm 0.9.3 开始，依赖关系已经依赖 Maven 来管理，也就是从 Eclipse 中直接导入 Maven 工程即可，相对而言简单了许多。